クルマの誕生から現在・未来へ

桂木 洋二

グランプリ出版

はじめに

自動車産業の21世紀は２００９年から始まるといえるのではないだろうか。ゼネラルモーターズの破綻とトヨタ自動車の大幅な赤字により、どちらも出直しを図らざるを得なくなっている。これまでとってきた路線からの転換を図ることになり、クルマのあり方も変わらざるを得なくなる。首脳陣にも変化があり、世界的に展開してきたクルマづくりに修正が加えられる。それは、世界のトップの二社に限ったことではない。

いっぽうで、ハイブリッドカーの販売が伸びてきており、電気自動車の普及の第一歩が踏み出された。動力の変化・革新が始まろうとしている。

クルマと自動車メーカーがどうなっていくのかは、大きな関心事になっており、いろいろな人たちがさまざまな見解を述べている。それを考えるヒントとして自動車の歴史を振り返ってみた。しかし、世界各国の歴史を俯瞰的に見るのは力にあまることで、大切なことをいくつか見落としているかもしれない。しかし、これまで書いてきた自動車の歴史に関するものの集大成として、これまで長いあいだクルマの世界に関わってきた経験をもとに敢えて挑戦してみた。クルマに関心がある人が一わたり知っておくべきと思うことを拾い上げてみたものである。

これからのことは予測困難な事態が起こる可能性は大きいし、偏った見方しかできないところがある。それでも、歴史をふまえて世の中とクルマの関係、さらにメーカーが実用化してきた技術やシステムなどがどのようになってきたか、各メーカーは大きな変動などにどう対処し、これからどうなるのかを考えてみた。理解が浅いところがあり、気がついていないミスもあるかもしれない。ご批判・ご叱正を待つことにしたい。

桂木洋二

目次

装幀　藍　多可思

プロローグ・クルマよ何処へ行く

■自動車の定義

自動車の定義は「自ら動力を持ち車輪を用いて路上を走行する機械」である。馬を動力とする馬車や人間がペダルをこぐ自転車は、この定義に当てはまらない。16世紀末に見られた帆をかけて船のように走らせようとした風力自動車も、自動車とは呼べない。ふつう、自動車というと四輪車を思い浮かべるが、二輪車も三輪車も動力を備えているものは自動車の範疇に入る。さらに、タイヤの代わりにキャタピラーで駆動する戦車も、自動車の一種ということができる。農耕機も、上記の定義で見れば自動車に入りそうだが、走行以外の装備が主であり、機械としての目的も違うので無理がある。

大型トラックから二輪車まで含めると自動車はきわめて多様である。メーカーのあり方も異なる。本書では、量産される乗用車を中心にした四輪車を対象にして記述を進めている。その動力としてはガソリンエンジンが主流で、ディーゼルエンジンや電動モーターも使用される。かつては蒸気機関を動力とする自動車もあった。電動モーターを動力とする電気自動車(EV)は、過去に注目されたことがあり、現在も環境問題との関連で脚光を浴びる存在になっている。

歴史的に見ると欧米では、自動車といえば乗用車が中心で、トラックは傍流であった。もちろん、生産台数も乗用車のほうが最初から圧倒的に多かった。その点、日本ではトラックが先に普及し、自動車メーカーの活動もしばらくはトラックが中心の時代が続いた。小口輸送などできめ細かい配送が要求されることと、乗用車を購入できる中間層が育つまでに時間がかかったことなど日本の特殊性がある。トラック生産が中心の時代にトヨタや日産などは乗用車もつくり、欧米の技術に学んで力をつけた。そして、1960年代半ば過ぎに乗用車が生産の中心になり、ようやく日本の自動車メーカーが国際的な競争力を持つようになった。

■自動車メーカーの寡占化

20世紀になって、自動車産業は先進国では主要な重工業として発展した。産業革命による工業化が進み、その真打ちとして勃興したのが自動車産業であった。自動車という工業製品は耐久消費財でありながら、大衆消費財としての側面をもっているから大量生産される。

欧米では、19世紀の終わり近くから20世紀にかけて、多くのメーカーが誕生し競争をくり広げた。そのなかで淘汰され、次第に寡占化が進んだ。部品点数が多いこと、鋼板をはじめとしてさまざまな材料を使用すること、生産設備が大がかりになることなど、コスト削減の幅が大きいものであることから、規模が大きいほうが有利であった。自動車産業が成立する段階では、それぞれの地域ごとの競争であったが、寡占化が進んで、それぞれの国を代表する製造業となり、その競争が国際的なものになっている。

自動車は、性能や経済性など絶え間ない改良が要求され、製品として進化し続けた。自動車メーカーは常に企業のポテンシャルを高め、競争に勝ち抜いたところが巨大化した。

競争にさらされることで、クルマは進化し続ける。旧東ドイツでつくられていたトラバントというクルマは、ドイツが統一を果たすまで1950年代に誕生したままの姿であった。第二次世界大戦終結後に社会主義国となった東ドイツが誕生したときに、国有化された自動車工場でつくられたものである。西欧社会では、メーカー間の競争でクルマが進化したから、30年以上たってドイツが統一されたときにトラバントとは驚くほど性能に違いがあった。トラバントは、エンジン出力が低く、排気は汚く、乗り心地は悪いままだった。進化しないままつくられ続けたのは、社会主義国が社会の変化を望まない体制であったからだ。西側の情報が入るにつれて、社会主義国がいかに遅れたままであるかが分かるようになり、豊かさへの渇望が体制の崩壊につながったわけだ。トラバントは、そうした社会の姿を象徴していたのだ。

■主役のメーカーと脇役のメーカー

自動車メーカーは、その存続をかけて他のメーカーのクルマに対して優位性を持とうと努力する。利益が保証されるには、一定以上の販売数を確保する必要があり、購入意欲をそそるような魅力のあるクルマにすることが求められる。ユーザーにそっぽを向かれれば、そのメーカーは窮地に陥りかねない。新しいモデルが成功しようが失敗しようが、投入する資金や

1930年代のDKWの機構をもとに1950年代から旧東ドイツで生産されたトラバント。計画経済であったことから需要に関係なく一定の台数がつくられたために、購入希望者は1年以上待たされたという。ドイツ統一後は排気規制をクリアすることができず、生産中止された。

2003年登場の5代目ゴルフを中心に1974年の初代からの進化。この後、2009年には6代目が登場している（263頁参照）。

人材は大掛かりになるから、製品として見ると、きわめてリスクの大きいものである。

優位性を持つもっとも良い方法は、そのメーカーが出すクルマは常に優れたものであるというイメージを強烈にユーザーに植え付けることである。しかし、自動車に限らずブランドとして認知されるのは、一朝一夕にできることではない。優位性を保つための条件も一様ではない。スタイルにすぐれていること、性能が良いこと、車両価格が安いこと、操作しやすいこと、運転して楽しいこと、新しい機構が採用されていること、経済性に優れていること、それまでの概念を超えていること、全体のバランスがとれていること、他のクルマにない特別なシステムや装備があることなど、多岐にわたる。さらに、そのメーカーが気に入っていること、セールスマンとの付き合いが長いこと、値引きなど有利な買いものであること、宣伝やイメージづくりがうまいことなども入るかもしれない。

自動車は、長い時間をかけて現在まで技術的に進化してきているので、思いつきのアイディアなどが通用する世界ではない。それぞれの国でトップとなったメーカーは、性能や機構、車両価格、さらには販売の仕方やサービス体制などまで、クルマのすべてにわたって主導権を握ることになる。主役(トップ)となったメーカーは、当分のあいだは成功体験をもとに健全な経営が保証される。とはいえ、いつまでも安泰というわけには行かない。脇役を務めるメーカーも、主役を脅かす存在になる機会を狙っている。自動車を取り巻く環境に変化が生じたときや、主役のメーカーが採用しない技術やアイディアで伸し上がるチャンスをうかがう。主役の交代もときには見られ、自動車メーカーの栄枯盛衰は時の流れでもあるようだ。

■自動車の持つさまざまな側面

自動車は、移動手段のための道具でありながら、さまざまな付加価値のある製品である。その付加価値がクルマの大きな魅力である。

　クルマを運転することが好きな人は、走行性能に優れていることを重要視し、実用的な乗りものとして使用する人は、経済性を優先する。ユーザーの求める方向が違っても、優れたクルマをつくるには技術力がものをいう。他のメーカーのクルマより魅力的な製品にする努力が続けられる。その魅力のとらえ方と表現方法が、クルマによって違うし、メーカーによっても違う。その表現の仕方を支えるのが技術力であり、社会に対する洞察力であり、時代をとらえるセンスである。ただし、これまでの経緯を見ると二番煎じが通用しているところがある。うまくものまねすることで成功するメーカーもある。

　競争力のあるメーカーであり続けるには、技術力を高める努力をすることが重要である。ものまねをするのにも技術力が問われるのだ。短期的な利益追及に忙しく技術力の向上を怠れば、将来的にそのツケを払わされることになる。

　自動車が進化し続ける製品であるのは、その社会のあり方に関わっているからだ。社会が変われば、それにつれて自動車も変わらなくてはユーザーの支持を失う。他の大衆

2009年2月に発売されたホンダのハイブリッドカー・インサイト。価格的に高めになるハイブリッドカーでありながら、低価格に設定して話題となった。もちろん、クルマとしても魅力あるものとしてアピールしている。

3代目となるプリウスは2009年5月に発売された。元祖ハイブリッドカーの意地をみせて、燃費性能で優れているだけでなく、走行性能の向上を果たしていることをアピールしている。

消費財と自動車が異なるのは、自動車が普及することで、社会そのものに変化をもたらすものであることだ。そのことが、今度はクルマに対する要求に変化をもたらす。

大衆消費財としての側面を最初に強調した自動車が、アメリカで誕生したT型フォードである。その出現は、自動車メーカーのあり方だけでなく、クルマのつくり方をも大きく変えた。大量生産・大量販売体制を確立してコスト削減を図り、クルマを大衆化し、自動車のスタンダードをつくった。T型フォードの登場でアメリカ社会が変わり、その影響はヨーロッパに及んだ。このクルマが登場するのが遅れたとしても、いずれは大衆消費財としての側面が強くなったであろうが、アメリカで誕生したのは、世界で最初に大衆消費社会になっていたからであろう。

大量生産される前のクルマは、必ずしも機構的に安定したものではなかった。ヨーロッパを中心にして、草創期は製品として成立させることが課題であった。それを克服して安定して走行するものになり、次第にクルマの機構やスタイルはある方向に収斂していった。そのことによって、大衆消費財としての側面を持ったクルマが次々と出現したのである。

■クルマの画一化と多様性

しかし、自動車は単なる消費財としてだけでなく、さまざまな側面を持つ製品である。

運転する楽しさを追求したクルマがスポーツカーとなり、車体を大きくし快適性を優先すれば高級車となる。これらはコストのかかるものになり高価格となるので少量生産され、自動車産業の主役になるクルマではない。主役となる量産車は、車両価格や走行経済性などが安くてすむだけでなく、走行性能や快適性など、全体のバランスをうまくとることが成功のカギになる。

さらに、スタイルや機構、レイアウトなど、その時代の求めるクルマとしての基本的な要件を備えたものでなくてはならない。人間が食物連鎖の頂点に立ったように、スタンダードとなるクルマは、技術連鎖の頂点に立つものとなる。しかし、社会的な変化があれば、それに対応したクルマが新しく現れて、その座を譲ることになる。

中国やインドなどは、21世紀になってから自動車が普及しつつある。クルマが行きわたった国と、普及の途上にある国とは、クルマに対する要求に違いが見られる。また、先進国でもそれぞれの地域によって違うから、クルマはそれを反映して違ったものになる。

アメリカのクルマが、大きくて燃費の悪いものであったのは、メーカーの都合があるとしても、それを受け入れるアメリカ独特の生活様式に関連している。フランスはフランス、ドイツはドイツ、そして日本は日本と、その社会にふさわしいクルマが支持される。したがって、各国のメーカーは、それぞれに得意とする分野をもち、メーカーとしての違いがクルマの違いとして表現される。ばかでかくなったアメリカ車が、経済性・合理性を優先するヨーロッパでもてはやされるはずがない。そのアメリカも、環境問題や金融恐慌により大きなクルマが主流の時代は終わろうとしている。

ヨーロッパで誕生したクルマは、馬車にとって代わり、スピードの魅力が倍加した。速く走ることに意味があり、走行性能に優れたクルマであることは、馬車同様あるいはそれ以上に大切な条件であった。

馬車が普及しなかった日本では、庶民は移動のために歩く時代が長く続いたから、

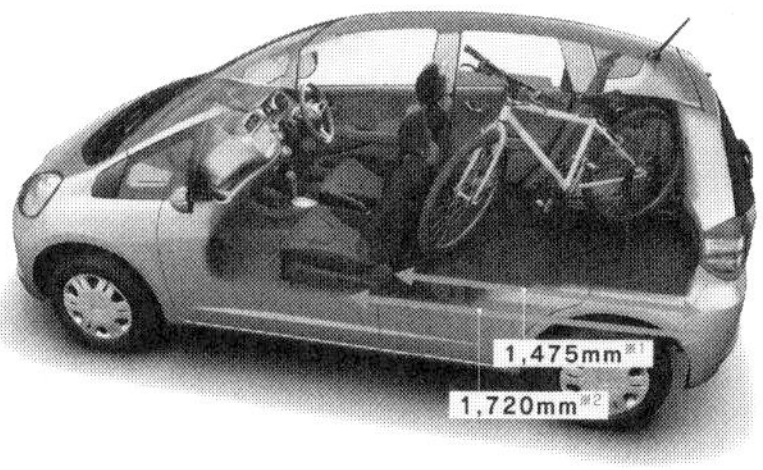

2代目ホンダ・フィット。室内を広くしながら車両全体をコンパクトにするのが現在のクルマのトレンドとなっている大衆車。燃料タンクを床下中央部に収納するなどレイアウトに工夫がされている。

自動車は豊かさを実感する製品としての意味が大きく、走行性能で優れているより、見た目が豪華に見えるようにつくるほうが成功している。それを反映して、日本車は走行性能でヨーロッパのクルマの足下にも及ばないものであった。

日本車は見栄えの良いものにする傾向が強く、ヨーロッパでは簡素なつくりで機能を優先したものになっていた。その後、それぞれに相手の良いところを取り入れており、それぞれに統合性が高められて、現在に至っている。

輸出などで他の国で使用されるようになり、クルマは国際商品としての特徴を備えて統合化が進む。輸出することで、その国のクルマのあり方を学び、それに対応したクルマとなり、全体でみるとクルマの画一化が進む傾向となる。いっぽうで、地域によってクルマの使用条件や社会環境の違いがあり、趣味性のあるものだから、多様化が求められる。現在は、コストなどを考慮して画一的な側面をうまくかくしながら多様化を図るクルマづくりが主流になっている。

■シンボルとしての自動車

クルマが普及する過程で、個人でクルマを持つことは、豊かさへのパスポートを手に入れることを意味した。これはクルマの持つ付加価値のうちでもっとも大きな要素であり、単なる大衆消費財ではないところだ。クルマをもつことで、それまでと違った世界に入ることができ、自己実現するという欲求を満たすものでもあった。ライフスタイルに大きな変化をもたらす。

2009年に登場した新しいメルセデスEクラス。写真は多くのエアバッグで安全性を高めていることをアピールしている。メルセデスは伝統的に安全性を高めたクルマづくりをしており、それも高い技術の表れであった。

同時にクルマが普及することで、社会は大きく変わっていく。移動の自由が保証されるために、走りよい道路が求められ、クルマの使用が前提のインフラ整備が進む。前近代的な社会環境のままでは、クルマにとって好ましくないのだ。古き良き生活を保証する環境とクルマとは馴染まないところがあり、クルマが普及する過程で生活環境が大きく変わっていく。

自動車産業が成立すると、石油、鉄鋼などからクルマの部品やさまざまな材料など、周辺産業の裾野が非常に広くなる。当然、自動車関連企業で働く人たちは膨大な数になる。20世紀の先進国は、自動車産業とともに豊かになったといってもいいくらいだ。産業として盛んになることで豊かな社会になり、それがクルマを所有する人たちが増えることに貢献した。そして、クルマがなくては生活が不便に感じる社会になった。

自動車の保有台数は、その国の経済状態のバロメーターとなっている。クルマを購入するには多額の出費が必要であり、所有してからもランニングコストがかかる。自動車メーカーが量産することでコストが下げられたとはいえ、クルマを所有するだけの所得を確保できる膨大な層がいなくては、自動車メーカーは利益を上げ続けることができない。

■社会の変化と自動車の変わり方

自動車と自動車メーカーは、どのようにして現在まで来たのだろうか。クルマと社会は、どのように変わってきたのだろうか。

自動車が実用化していなければ、第一次世界大戦時の飛行機の進化はなかったであろう。世界戦争の時代の総力戦は、自動車技術の成立をバックにしてのことだった。戦車の登場も、自動車の技術によって支えられた。自動車メーカーは、それぞれに国家を支える企業になり、大戦が始まると乗用車の生産を停止して、兵器としての航空機やそのエンジンなどを生産して国家の要請に積極的に応えている。これは、第一次大戦で始まり、第二次大戦では、さらに組織的になった。

戦争が終わって、平和な時代になると自動車は進化する。疲弊した国は遅れるものの、経済的に立ち直るにつれて性能のよいクルマが求められ、クルマをそれまで以上に魅力的なものにしようとする。

第二次大戦後の豊かな社会を実現したアメリカでは、自動車メーカーは空前の繁栄を誇った。ファッション性を強めたクルマは、豊かさを謳歌するのに過剰装飾気味になり、不必要なテールフィンがクルマを飾った。ソビエト連邦との冷戦を意識すればするほど、アメリカは豊かで自由な国として喧伝された。自動車は、そのシンボル的な存在となった。

しかし、1960年代の終わりから1970年代になると、アメリカの豊かさにかげりが見えるようになる。それにつれて、アメリカの自動車メーカーの動きに変化が現れ、クルマも変わらざるを得なくなる。その変化を促したのが、新興勢力として台頭してきた日本の自動車メーカーであった。世界の自動車産業に日本が登場するようになり、日本の社会もこの前後に大きく変わった。

このころから、先進国を中心にクルマが増えたことによるマイナス要因が目を引くようになった。世界でクルマを使用する人たちが増え続ければ、公害問題や安全問題だけでなく、資源そのものも不足する。石油の価格の変動がクルマを直撃し、エネルギー危機を生む可能性が増大する。

1970年代になるとオイルショックがあり、厳しい排気規制が実施された。これをきっかけとして、アメリカの自動車メーカーは苦しい状況に追い込まれる。いつまでもガソリンを無駄に使うわけにはいかなくなり、それまでのクルマづくりを改めて小型化を図るようになる。しかし、それが必ずしもうまくいったとはいえず、利益を得るために再びアメリカのメーカーは燃費の悪い大型車をメインとするクルマづくりになる。技術革新を遂げる道を選択しないで利益を追求した。その結果が、現在の苦境につながっている。

■どのように変わっていくのか

1989年の冷戦の終了は、一時的にはアメリカの資本主義体制が勝利したように見えたものであった。これ以降、自動車を取り巻く環境は大きく変わった。アメリカでは自動車産業がアメリカを代表する産業ではなくなり、マイクロソフトに代表されるIT産業が主役になり、金融が経済を支配するようになった。

中国やロシアなどで自動車需要が高まってきたのも大きな変化である。結果として新しいグローバリゼーションの時代になった。かつては先進国どうしの市場シェア争いだったが、インド、ブラジルなども加わり、これまでとは違う競争になろうとしている。

そうしたなかで、2008年秋からアメリカ発の金融恐慌に見舞われている。これにより、自動車の販売が世界的に大きく落ち込んだ。自動車の将来に対する危機としては、これまでにないものである。借金を前提に消費が盛んだったアメリカでは、クルマの売買が、ローンをもとにして金融システムのなかに組み込まれて、本来なら高額なクルマを手にできない人たちまで巻き込んで混乱した。

こうしたこともあって、アメリカの自動車メーカーは、これまでにない危機に陥っており、日本のメーカーも大きな影響を受けた。日本の自動車メーカーが、い

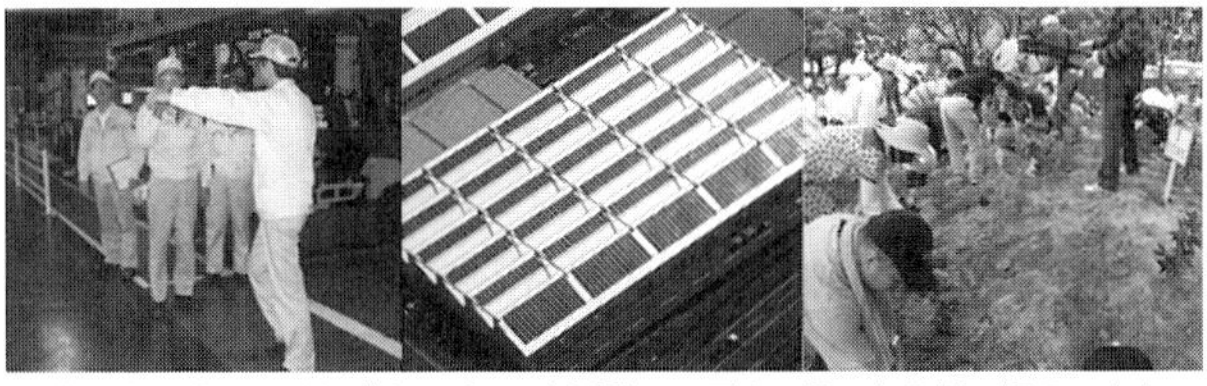

トヨタのサステイナブル・プラント活動のモデル工場である堤工場のエネルギー低減活動。省エネのためのパトロール、太陽光発電、森づくりなどでCO_2削減を図る。クルマだけでなく工場生産での低炭素化が求められている。

かにアメリカに依存していたかも浮き彫りにされた。

　大量生産方式に代表される製造業の時代が終わりつつあるように見える。アメリカだけでなく、日本でも非正規雇用が増え、安定した雇用社会ではなくなってきている。成長期には収入は安定し、生活は年々よくなっていくと思われたが、それは完全に過去のことになっている。

　クルマが豊かさを実感できるシンボルであった時代は、終わりを告げたのだろうか。

　クルマがようやく持てるようになった世代が年寄りになり、その子供たちは、生まれたときからクルマは身近にあった。豊かさを実感するために、必ずしもクルマは必要でなくなった面がある。しかし、日本でも郊外ではクルマがないと生活できないところが多く、必需品となっていることから、軽自動車の需要が増えている。これは豊かさとは関係ない現象である。豊かさというのが物質的なものではなくなり、精神的、あるいは感覚的なものになっていくのかもしれない。

　いっぽうで、発展途上国では、依然としてクルマを所有することは豊かさを実感できることである。クルマを持つ人たちが世界で増えていくことは、世界の経済水準が全体としてレベルアップしていることを意味する。しかし、地球上の限りある資源をこのまま使い続けていいのだろうか。

　クルマも変わらなくてはならないといわれているのは、世界が変わりつつあるからである。

　これまでにないような激変があれば、自動車どころではなくなってしまうかもしれない。それとも、科学技術の進化が、文明の暴走を阻止して、持続可能な社会になることができるのだろうか。

　これまでも、大きな社会変動があり、危機が叫ばれてきたが、ほとんど対症療法で済ませてきており、根本的な問題は常に先送りしてきた。今度もそれで済むのか。

　これからの自動車について考えるのは、これからの社会について考えることにつながる。自動車はどうなるのか、自動車メーカーがどうなるのか。その答を求めて、世界中の自動車メーカーが足掻いている。社会も、これまでにない不安を抱えている。

ゼネラルモーターズを初めとするアメリカのメーカーの苦戦は、彼らだけのものなのか。それとも、単に早いか遅いかだけの差で、日本のメーカーも含めて、将来のいつかは同じような苦しい運命が待っているのだろうか。アメリカのメーカーは立ち直ることができるのだろうか。そして、新しい時代に対応したクルマのスタンダードができて、自動車は再び発展していくことになるのだろうか。

その答を明確に持っている人はいないだろう。手探りで試行錯誤を続けるしかないと思われる。考えられる方向もひと通りではない。しかし、その方向を探る努力は続けていかなくてはならない。それを探るために、自動車の誕生から振り返って考えてみることにしたい。

第一章　ガソリンエンジン車の誕生と自動車の進化

■効率的な新しい動力の開発競争

自動車が産業として成立するのは、ガソリンエンジンが実用化されたことがきっかけである。蒸気機関より軽量コンパクトな動力を使用できるようになって、自動車のかたちがつくられ、発展が約束された。最初は、馬車に馬の代わりに内燃エンジンを搭載しただけのように見える乗りものだったが、少しずつ自動車らしくなっていった。まずはその過程を見ていくことにしよう。国としては、ドイツとフランスが中心である。

産業革命がもたらした蒸気機関は、鉄道や船舶など輸送に革命を起こし、先進国の社会は大きく変貌を遂げた。ジェームス・ワットにより改良された蒸気機関は、それまでのものより石炭の使用が4分の1で済むという優れたものであったが、蒸気機関は小さくすると効率が落ちるので、19世紀の後半になると、もっと効率に優れた機関（エンジン）が求められるようになった。

新しい動力として有力なのは内燃機関であった。蒸気機関のように石炭でボイラーを熱し、生じた蒸気の圧力でパワーを発生させる外燃機関よりも、閉じられたシリンダー（気筒）のなかで燃焼させて膨張したガスを圧力として動力をとり出す内燃機関のほうが効率の良いことは分かっていた。しかし、閉じられたシリンダーのなかで燃焼させるのは簡単なことではなく、技術的に超えなくてはならないハードルがいくつもあった。

こうした技術的な挑戦はドイツが先行した。蒸気機関をつくり上げたイギリスは、その先の技術的な進化に目を向けることでは遅れを取った。

1870年の普仏戦争でフランスに勝利したプロシャを中心にして統一を果たしたドイツ帝国は、活気に満ちた時代を迎えていた。フランスからの多額の賠償金を獲得し、鉄拳宰相といわれたビスマルク首相のもとに、ドイツがヨーロッパで存在感を高めていたのである。日本では明治維新直後のことであった。

ドイツではマイスター制度が確立されていて、親方の元で修業を積んで技術習得する道が開かれていたが、工業高校などを整備し技術教育が盛んになっていた。イギリス同様にドイツでも、エリート教育を受けた上流階級の学者ではなく、現場で手を汚しながら取り組む技術者が開発を主導した。

現在まで主流となる4サイクルガソリンエンジンを最初に実用化したのは、ドイツの商人出身のニコラス・オットーだった。商人として活動するかたわら余暇のすべてを新しいエンジンの実用化のために費やし、その過程でスポンサーであり友人にもなったパートナーのオユゲン・ランゲンの協力で1876年に開発に成功した。工場などの動力源として需要があり、エンジン製造会社をつくることができた。

技術革新に成功した技術者は、新しく事業を興すに際して資金提供者からの支援を受けなくてはならないが、技術開発を続けようとする技術者と、利益を最優先したい資金提供者のあいだで、しばしばトラブルが発生する。オットーの場合はこうしたトラブルに巻き込まれることなく、その点では恵まれた境遇にあった。パートナーとなったランゲンは技術教育を受けた資産家の技師であり、オットーの良き理解者であり、共同経営者であった。
オットーとランゲンのエンジン製造会社は、事業として成功をおさめたが、オットーの4サイクルエンジン特許の出願は認められなかった。すでにフランス人の技術者であるボー・ド・ロッシャがこのエンジンの原理をノートに記して公開していたからだ。特許が認められないのはオットーにとっては不幸なことであったが、この原理をもとにコンパクトなエンジンを実用化する競争に、技術者たちが挑戦する道が開かれたのである。

■ダイムラーとマイバッハによる自動車用ガソリンエンジンの完成

ドイツの南部にあるカールスルーエ出身で優秀な技術者として知られるゴットリープ・ダイムラーは、1872年にオットーのエンジン製造会社にスカウトされた。ダイムラーは重役としてオットーのつくったエンジンの製品化に関わり、事業を大きくするのに貢献した。しかし、最終的にはオットーと対立して、ダイムラーは退社することになった。

このときダイムラーは40歳を過ぎていた。退職金を含めて資金を貯めていたダイムラーは、1882年に独立してエンジン開発に邁進することにした。オットーのエンジンは、定置用動力だったが、ダイムラーはこれよりコンパクトなエンジンをつくることで、自動車に搭載できるものにしようと考えた。

このころには、蒸気機関を搭載した自動車が走っていたが、装置が大きくなる

オットーによってつくられた最初の4サイクルガソリンエンジン。工場などの動力として使用された。オットーはその後自動車用エンジンまで手がけることはなかったが、この後4サイクルエンジンはオットー・サイクルと呼ばれるようになった。

だけでなく、速度を保つために石炭の入れ具合を調節し、頻繁に水を補給しなくてはならないものだった。コンパクトで効率の良いガソリンエンジンができれば脚光を浴びるはずだった。

オットーのもとから独立したダイムラーは、弟分ともいうべき技術者であるウィルヘルム・マイバッハとともに、コンパクトなガソリンエンジンの開発に勢力を注ぎ込んだ。オットーの特許が成立しないことで、4サイクルガソリンエンジン開発に心置きなく取り組めることが可能になり、ダイムラーの目標が定まったのである。

そのため、克服しなくてはならない技術的な課題は、シリンダー内での燃焼を確実にするための空気と燃料の供給方法、吸入された混合気にタイミング良く点火するシステムなどであった。さまざまなアイディアを出し、実際にひとつひとつ試していった。根気と忍耐と正確さが要求された。叩き上げの技術者として腕を磨いてきたマイバッハが協力し、その成功を支えた。

ふたりは、1885年に単気筒のささやかなガソリンエンジンを完成させた。このエンジンは、木製のフレームを持つ二輪車に搭載された。自動車の歴史に画期的な一歩を踏み出したのだ。

すぐに、もう少しパワーのある四輪車用のエンジンがつくられた。点火装置や気化器などは幼稚なものであったが、エンジンとして立派に機能するものになっていた。

ダイムラーとマイバッハによりつくられた260cc単気筒エンジンを搭載したオートバイ。フレームは木製だった。

それを搭載するための馬車を入手して、ガソリンエンジン自動車を完成させた。馬車のシート下にエンジンが搭載された、いわゆる「馬なし馬車」ができあがったのは1886年のことだった。

■ベンツによるガソリンエンジン自動車の完成

同じ時期に、ダイムラーたちとはまったく別にガソリンエンジンを完成させて自動車をつくったのが、同じドイツでダイムラーたちのカールスルーエに近いマンハイムに住むカール・ベンツだった。エンジンの点火システムや燃料の供給方式などで違いがあったものの、同じようにガソリンを燃料とする内燃機関をつくりあげたのだ。

カール・ベンツは、機械製品をつくり出す並外れて優れた腕を持ち、若くして独立、各種の製品をつくる事業を始めていた。ほかではできない複雑なものも、ベンツならつくり上げることができると評判になった。しかし、ちょっとした不況になると仕事がなくなるなど不安定な事業であった。

そこで、安定した事業にしようと始めたのがガソリンエンジンの開発であった。ベンツの場合は、自分の家のなかに作業場を設けて、妻のベルダの協力を得ながら進められた。

最初に完成した2サイクルエンジンの事業を成功させるために、ベンツは資金が必要になった。出資者の協力で会社組織になり、製品化されたエンジンの製作

ベンツによってつくられた0.8馬力エンジン搭載の三輪車。シート下に置かれたエンジンの動力はチェーンにより後輪を駆動した。舵取りはバー方式。

販売をしながら、自動車に搭載可能なコンパクトで実用的な4サイクルガソリンエンジンの開発が進められた。

ダイムラー自身は、自動車まで自分たちでつくって事業化する、つまり自動車メーカーになることまで考えていなかったが、ベンツは自動車の製造販売を視野に入れていた。ベンツはエンジンを完成させると、次にそれを搭載する自動車をつくりあげた。最初に完成したのがベンツの三輪自動車であった。既存の馬車にエンジンを搭載したダイムラー車より一歩先んじたのである。

三輪にしたのは、前が一輪の方がバー式のステアリングで舵を切るのに都合が良かったからだ。実用に耐えるものにするためには、さらに改良が必要だった。

資金提供者たちは、自動車の改良にばかりエネルギーと時間を使うベンツの態度にいらだち、目の前にある利益をおろそかにしているとベンツを責め立てた。てっとり早く工場の動力として売り込んだほうが、利益を見込めると考えたのだ。

対立が深まったが、ベンツにとって幸いだったのは、彼のやり方を理解する新しい出資者が現れたことだった。エンジンを機械工場の動力として販売して利益を得ながら、ベンツは市販に耐える自動車の開発に取り組んだ。

広く世間に知らせる方法としては、万国博覧会への出展があった。1889年にフランス革命100周年を記念してパリ万国博覧会が開催された。これにダイムラーとベンツはそれぞれ新しい自動車をつくり出品した。ダイムラーはエンジ

1886年につくられた1.5馬力エンジンを搭載したダイムラーの馬車自動車。シートに座っているのは息子のパウルとダイムラー。

ンを売り込むつもりであり、ベンツは自動車メーカーとして歩み出すためであった。
しかし、実際に展示してみたものの、彼らが期待したほどの反響はなかった。ダイムラー車やベンツ車よりも話題となったのは、豪華に飾り立てられた馬車のほうだったという。馬車は長い伝統を持ち、贅沢さを追求して成熟し、上流階級のステータスとして定着していた。庶民には手の届かない憧れのものとして話題となった。誕生したばかりのガソリン自動車が馬車に取って代わるには、まだ時間が必要であった。

■フランスでの自動車メーカーの誕生

1880年代の後半になると、ドイツの隣国のフランスでは、普仏戦争による経済的なダメージから立ち直り、産業が活況を呈するようになっていた。新しもの好きのフランス人は、自動車に対する興味を示し、自動車を製品として事業化するのにふさわしい地域だった。第一次世界大戦が始まる1910年代までに、ガソリン自動車はドイツ、飛行機はアメリカで発明されたものの、どちらもフランスを中心に普及していった。フランス人の新しいものが好きな気質に加えて、フランスが活気に満ちた時期であったからだ。

蒸気機関を搭載する自動車は、イギリスで1820年代からつくられるようになり、バスなどで実用化されたものの、個人で乗りまわす乗用車がフランスで多くつくられたのは、自由な乗りものとしての自動車の利便性や楽しさを理解し、それを味わおうとしたからだった。

イギリスでは、公道を人々と一緒に自動車が走ることの危険性が問題になり、それを避けるために赤旗を持った人が自動車を先導しなくてはならないという法律がつくられた。いわゆる赤旗条例といわれるもので、自動車が速く走ることを阻害するものであった。この法律の施行により、クルマは魅力的なものではなくなり、イギリスは草創期の自動車生産でフランスやドイツ、アメリカに遅れをとった。

世界で最初のガソリンエンジンの自動車メーカーは、フランスで誕生している。自動車メーカーになる努力を続けるベンツは、何から何まで自分でつくり上げなくてはならず、改良して市販するまでに年月が必要だった。そのあいだに、ダイムラー製エンジンを使用したクルマがフランスでつくられ販売された。

プジョーとパナールという二つのメーカーが1890年に誕生した。どちらも、自動車の車体をつくることのできる技術を持った企業であった。ダイムラーは、自分たちのつくったガソリンエンジンを積極的に売り込んだので、ガソリンエンジン自動車がつくられたのである。

このころになると、国力を回復したフランスでは、右翼であるブーランジェ将軍を先頭に普仏戦争で敗れたドイツに報復する機会がやってきたという主張があり、いっぽうのドイツではビスマルク首相がフランスとの戦争もあり得るという発言をするなど、両国間の関係はギクシャクするところもあった。しかし、民間交流の妨げになることはなく、むしろ盛んになる傾向にあった。1889年のパリ万国博覧会にダイムラーがガソリンエンジン車を出品したのがきっかけで、プジョーとパナールがダイムラーからエンジンを購入することになったのだ。

プジョーは、大きいものから小さいものまでの鉄製品をつくる企業としてフランスで古くから成功していた。そうした事業をベースにプジョーは、イギリスで誕生した自転車の製品化に乗り出し、さらに事業を発展させようと、三輪自転車を改造して自動車をつくろうとしたのである。

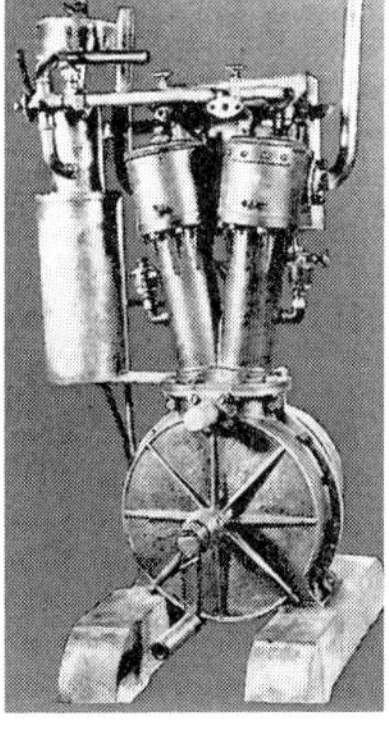

ダイムラーのV型2気筒2馬力エンジン。プジョー車に搭載されたもの。

頑丈につくられた自転車に、蒸気エンジンを積んだ自動車がつくられた。蒸気エンジン製作で実績のあるレオン・セルポレと組んでの開発であった。しかし、走行するとトラブルを起こしてストップするなど、開発は暗礁に乗りあげていた。そんなところにダイムラーがガソリンエンジンの実用化を果たし、それを市販する意向であることが分かり、このエンジンに興味を示したのである。

自動車開発を積極的に進めていたのは、経営者一族の若いアルマン・プジョーで、その製品化にのめり込んでいた。プジョーは、自転車のビジネスを成功させるために積極的に自転車競技にメーカーとしてかかわり、競技に参加する人たちをバックアップしていた。動力で走るクルマは、自転車の延長線上にある事業としてとらえたのだった。

パナールのほうは、蒸気自動車をつくることに情熱を燃やしていたパナール伯爵が出資してつくられた会社で、技術開発の中心となっていたのがエミール・ルバッソールであった。彼がダイムラーエンジンの入手に動き、自動車をつくり上げることに成功した。すでに蒸気エンジン自動車をつくった実績を持っていたから、自動車メーカーとして活動するのは問題のないことだった。

ガソリンエンジンを搭載した自動車を最初につくった名誉はダイムラーとベンツにあるものの、それを最初に市販したのはプジョー、そして数か月遅れてパナールということになる。この時点では、ダイムラーは自分のところで自動

4人乗りのプジョーAタイプ。1892年に「プジョー兄弟の息子たち」という企業名で独立、1896年から自前のエンジンをつくるようになる。

車をつくって、それを事業として展開することまで考えておらず、そのエンジンを製造販売することを事業の柱にするつもりだった。

ちなみに、この頃の日本はというと、明治23年にあたる1889年に帝国憲法が制定され、新しい国家としての体裁を整えつつあるときだった。東京を初めとして各地域に電燈会社がつくられるようになり、軍隊の近代化を図るために陸海軍の技術工廠が設立されて、兵器や各種の機械など最先端の技術製品の開発に当たる組織がつくられたところだった。鉄道網はのびていく段階にあったが、車両技術などを学ぶ体制が整っているわけではなく、お雇い外国人の技術指導のもとに鉄道車両も輸入に頼っていた時代だった。

■ガソリン自動車のライバルたち

蒸気エンジンよりもコンパクトにつくられるガソリンエンジン自動車は魅力的なものであったが、ときにはトラブルが発生するなどメンテナンスが容易ではなかった。いっぽうで、蒸気自動車は重くて水と石炭を多く消費するものの、その扱いに熟達すれば安定して走ることができた。ただし、蒸気エンジンをうまくコントロールできる助手が一緒に乗っていることが条件であった。その点、順調に走り出せば、ガソリン自動車は一人だけでも走らせることができた。

改良が加えられてガソリンエンジンが技術的に進化することにより、蒸気自動車が葬り去られるものの、誕生したばかりのガソリン自動車はまだ未熟で、

1892年製パナール車。フロントにエンジンを搭載している。ステアリングバーを持っているのがルバッソール。

圧倒的に有利であるとはいえなかった。

もう一つの自動車用動力として浮上してきたのが電気自動車だった。1860年に開催されたロンドン万国博では、電灯がまるで昼間と思われるほどの明るさで輝くように思われ、新しい時代が到来したことを実感させた。ほどなく電気を溜め込むことができる二次バッテリーの実用化が図られ、電動モーターが発明された。これにより動力としての可能性が大きく広がった。

バッテリーにより電動モーターをまわして車輪を駆動することで、自動車を走らせることが可能になった。モーターはガソリンエンジンに比較すると機構的にシンプルであり、発進時のトルクが大きいので加速性能に優れていた。大きな問題は、速く走らせようとすると電力の消耗が大きいことだった。バッテリーの容量が足りなくなり、長い航続距離を保つことができなかった。

この時代から容量の大きいバッテリーの開発は重要な課題であった。その後の経過でみると、バッテリーの進化ははかばかしくなかったのに引き換え、自動車用エンジンの進化は実に著しく、その実用性では大きく差が開くことになる。しかし、この当時はエンジンの燃費も良くなかったし、スムーズに走らせるためにエンジンに変速機を備える必要があるなど機構的に複雑になるので、電気自動車のほうが自動車としては将来性があるという見方をする人たちもいたのである。

電気自動車をつくる人たちが現れ、ガソリンエンジン車との開発競争が展開する様相となった。最初に時速100キロの壁を破ったのは電気自動車であった。1900年代の初めころまでは、ガソリンエンジンのパワーでは、これに太刀打ちできるほどの性能にはなっていなかったのだ。ただし、スピード競争する電気自動車は、すぐにバッテリーがなくなってしまったから、それ専用のクルマとしてつくられ、実用性のあるものではなかった。

20世紀が始まるころまでは、蒸気自動車、電気自動車、そしてガソリンエンジン自動車という三つの動力の並立状態が続いたが、ガソリンエンジン技術が進歩し、優位性を確保していった。しかしながら、石油に恵まれない国などでは、電気自動車が注目されることがあり、さらに排気問題が深刻になってからは、排気で有利な電気自動車が見直されるなど、電気自動車は何度も可能性としてよみがえってきている。そのときに、いつも壁として立ちはだかったのはバッテリーの問題だった。エネルギー密度や出力密度を上げるのがむずかしく、改良がはかばかしくなかった。現在は、かなり改善されてきているとはいうものの、依然として性能に優れたバッテリーの開発が実用化への最大の課題であることに変わりはない。

■ガソリン自動車の技術進歩

ガソリン自動車の進化を促進したのが自動車レースの開催であった。早くも、1894年にフランスで世界最初の自動車によるスポーツイベントが開催された。自転車競技を開催している新聞社が、自動車でも同様の試みをすることになったのだ。新聞社が自動車に興味を示し、蒸気エンジン自動車とガソリンエンジン自動車のどちらが優れているかをテストするイベントを開催することにした。

1894年の最初のイベントではルールもしっかりしたものではなく、試行錯誤しながらの開催であった。最も速く走ったのはド・ディオン伯爵の乗る蒸気自動車だった。しかし、燃料消費や走行のスムーズさなども成績に考慮されて、優勝した

1894年の走行イベントに出場したド・ディオン・ブートンの蒸気自動車。

のはパナールとプジョーのガソリンエンジン車と決定した。ド・ディオン伯は大会開催の立役者であり、自動車業界の大物であったから、自分が優勝するよりもこれからの時代を背負うことになるガソリンエンジン車に花をもたすべきだと主張した結果であろう。

ダイムラーとともにエンジン開発と性能向上に力を注いだマイバッハは、フランスでの自動車に対する関心の高さもあって、エンジンだけでなく自動車をつくることをダイムラーに進言した。フランスのメーカーも、ダイムラーからエンジンを購入し続ける状況ではないことも明瞭になった。いずれは独自にエンジンをつくるようになるから、ダイムラー社も自動車メーカーとして生きる道を選択したのだった。

■フロントエンジン・リアドライブ（ＦＲ）車の登場

翌１８９５年は本格的なレースとなった。たった1年後のことだったが、蒸気自動車は影が薄くなり、ガソリンエンジン車の争いとなった。パナール車を開発していたルバッソールが自らハンドルを握って優勝した。

このパナール車は、プジョーなどと異なるレイアウトのクルマになっていた。この時代のクルマは馬車の車体と同じキャビンを持ち、エンジンはその下に搭載され、エンジンからの動力はチェーンにより後輪に伝達されるのが一般的だった。ところが、パナールはエンジンを車体の前に置き、そこから後輪まで動力を伝達する方式であった。このほうが前輪に荷重がかかり、ステアリング装置が確実に作動するとともに、エンジンが泥やホコリを浴びることが少なく、整備するのにも都合が良かったからだった。

これが、フロントエンジン・リアドライブ（ＦＲ）方式の初めであった。このＦＲ方式がこの後の定番となっていった。当時は、ＦＲ式という言葉はなく、広くパナール方式と言われ、多くのメーカーが、この方式が良いことを認め採用するようになった。

■エンジン性能の向上

ド・ディオン社はフランスで最初にガソリンエンジンをつくり、ガソリン自動車メーカーとなった。パナールやプジョーも、独自にエンジンを開発するようになる。

1896年以降のレースでは、これらのメーカーがライバルとして競い合い、レースが盛んになっていく。レースで好成績を上げることは、そのクルマが技術的に優れていることの証明と受けとめられたから、各メーカーともクルマの性能向上に熱心に取り組んだ。

もともとエンジン技術を得意とするダイムラーとマイバッハは、エンジン性能の向上に取り組んだ。技術開発の中心となっていたマイバッハは、空気と燃料を混合する気化器の改良に成功した。エンジン性能を上げるのに重要な部品で、負圧を利用してうまく混合するシステムにすることができるようになり、エンジンのパワーが高められた。

出力を出すにはエンジン排気量を大きくするのが効果的だった。最初は2気筒だったエンジンは、レースに勝つために4気筒がつくられるようになった。エンジン性能を向上させることは、クルマの進化の基本であった。ダイムラー車のエンジン性能があがれば、これに対抗するメーカーも、その向上に取り組むことで進化が加速された。

■舵取り装置の改良

カール・ベンツは自動車レースにあまり興味を示さず、ドイツで使用される自動車の姿を追求する姿勢を示した。とくに医者にターゲットを絞り、彼らが求めている自動車をつくり、それを事業として成立させようとした。往診にいくために医者たちは馬車を使用していたが、夜中では御者を起こして働かせなくてはならないし、日常的に馬の世話を欠かすことができない。クルマであれば、そうした面倒を避けることができる。フランスを中心にした自動車は富裕層のお楽しみの側面があったが、ベンツはもっと実用的な乗りものと考えていた。そのために、舵取り装置を改良して、現在のように丸ハンドルにして操作性の良いものをつくりあげた。

ステアリング機構を革新的にしたクルマを「ベンツ・ヴィクトリア」と命名した。1893年のことだった。このクルマをもとにして、できるだけシンプルな機構にして車両価格を安くして翌年に発売されたのが、世界で最初の量産車といわれている「ベンツ・ヴェロ」である。

それまでのどの自動車より低価格であったことから、他のメーカーを引き離す勢いで売れるようになった。所得のある人たちに限られたとはいえ、自動車の利便性を求めた人たちに受け入れられた。

1894年には100台ほど売れ、95年には150台、そして1898年には500台を超えるほどになった。たちまちのうちに、ベンツはドイツ最大の自動車メーカーになることに成功した。しかし、ベンツの優位は長く続かなかった。

■馬車の影響を脱した自動車の誕生

ダイムラーが革新的なクルマをつくるようになったからである。エンジンパ

1894年に市販されたベンツ・ヴェロ。ステアリング機構が新しくなり、それまでのバー式から丸ハンドルとなっている。最初の量産車といわれている。

ワーが上げられたものの、この当時の自動車の車体は馬車とあまり変わらないままであったが、それから脱したクルマがつくられたのである。それもレースがきっかけであった。

初期の自動車は馬なし馬車といわれたように、馬車の影響を大きく受けていた。馬車の延長線上につくられ、前後に配置される四つの車輪の間隔も馬車とあまり変わらない寸法だった。

レースで好成績を上げようと、どのメーカーもパワーを上げることを優先した。その限界が来たことを示すアクシデントが起こったのだ。

フランスのニースにオーストリア領事として滞在していたエミール・イエリネックも、自らハンドルを握ってレースに出場するマニアだった。アフリカからの商品を輸入するなど商才を発揮し資産家となったイエリネックは、ダイムラー車を一括して買い上げてオーストリアなどで販売を手がけていた。

１９００年のこと、パワーを上げたダイムラー車でニースの裏山で行われるヒルクライムレースに、いつものようにイエリネックが出場したときだった。ダイムラーチームからは、ダイムラー社のテストドライバーだったウィルヘルム・バウエルも出場した。しかし、このヒルクライムでバウエルはコーナーを曲がりきれなくて転倒して死亡してしまったのだ。

イエリネックは優勝したものの、クルマをコントロールするのがむずかしく怖い思いをした。その原因はパワーを上げているにも関わらず、車体側が旧態依然としたもので、車両としてのバランスが取れないことが原因であるとイエリネックは考えた。

重心が高いうえに、ホイールベースが短かく前後のトレッドも小さいから、不安定な挙動となりスムーズな走りができない。現在では、誰でも分かることだが、当時は暴れるクルマをコントロールして速く走ることばかり考えていて、そこまで頭がまわらないままエンジンパワーを上げる競争が行われていたのだ。

イエリネックは、ホイールベースを長くしてトレッドを広げ、重心を下げたクルマをつくるように、ダイムラーに提案した。事故でショックを受けたダイムラー本人は、レースからの撤退を考えていたので、色よい返事をしなかったようだ。しかし、イエリネックは、この要求をかなえてくれれば、36台をまとめて購入するという提案をした。

車両開発の中心になっていたマイバッハは、イエリネックの提案の意味をすぐに理解した。そこで、マイバッハはダイムラーを説得して、イエリネックの提案を受け入れることにしたのである。

こうしてつくられたクルマを一括して購入したイエリネックは、自分の娘の名であるメルセデスと名付けて販売した。彼の夫人がスペイン人であり、メルセデスというのはスペインではよくある女の子の名前だった。船などに女性の名前を付けることがあり、それにならったものである。

このメルセデスは画期的なクルマであった。初めて馬車の影響から抜け出して、あるべきクルマの仕様になっており、その走りは安定したものになっていた。ホイールベースが長くなり、トレッドは広がり、エンジンを冷やすラジエターがクルマの最前部に据え付けられた。現在につながるクルマのかたちができ上がったのだ。

ドイツ以外の国でのダイムラー車の販売権を獲得したイエリネックは、メルセデスの販売で実績を上げ、その名前が知られるようになった。エンジン性能も上げられ、レースでは連戦連勝した。これにより「メルセデスの時代」がきたとまでいわれた。ダ

1901年に市販された最初のメルセデス車。ホイールベース2300mm、トレッド1400mmと、馬車のつくりから抜けだしたクルマとなった。それにより、走行性能は著しく向上した。

イムラー社も、ついにこの車名を採用することになり、ここにダイムラー社製の乗用車は、メルセデスという名前に統一されたのである。

1901年に登場したメルセデスにより、新しいクルマのスタンダードができた。ベンツ車もこれに倣った。一時的な落ち込みの後、ベンツも自動車メーカーとして再び健闘したのである。

■駆動方式の革新とルノー車の誕生

そんななかで、プジョーやパナールに次いでフランスで誕生した自動車メーカーのルノーにより、次の革新がもたらされた。

若い兄弟の末っ子だったルイ・ルノーはド・ディオン車などに乗って楽しんでいたが、自動車の改良に手を染めるようになった。この時代のクルマは、エンジンの動力を左右の車輪に伝える方法はチェーンによっていたが、ギアを介してシャフトでホイールを駆動する方式にしたのである。チェーンによる駆動では、チェーンのオイルが飛び散り、騒音が発生するうえに、のびたり切れたりすることがあった。ギアを介したシャフト方式にすると、パワーの伝達は確実になった。

ルノー一族は、フランスで洋服用ボタンを製造する企業を営んでいて、非常に裕福であった。自動車メーカーになるための資金手当ができる資産があった。ルノーは、1899年に自分の工夫したシステムのクルマをつくって販売を始めた。最初は、エンジンはド・ディオン・ブートン社から購入した。

ルノーのタクシー車。ルノー社は1889年に設立され1903年からは独自にエンジンをつくるようになる。チェーン駆動ではなくギアによるシャフト駆動はルイ・ルノーの発明だった。

やがてルノー方式の駆動システムが自動車の主流になり、ルノー車は他のクルマの持っている欠点の一つを克服していたから評判となり、自動車メーカーとしての地位を築くことに成功した。しかし、その陰にはレースに出場したルイの兄であるマルセルが事故死するという犠牲があった。3人兄弟のうち次男は自動車経営からはなれたので、末弟のルイ・ルノーが実権を握り、ワンマン社長として君臨することになった。創業のとき、ルイはまだ24歳であった。

パナールによるFR方式の完成、ベンツの丸ハンドルによる舵取り装置の改良、メルセデスの車両としてのディメンジョンの革新、それにルノーのシャフトドライブ方式の完成、それにミシュラン兄弟による空気入りタイヤの製造など、現在につながる自動車の進化が20世紀に入るころまでに達成された。

エンジンに関しても、レースが盛んになることでパワーアップが図られるようになり、それが市販車に反映された。燃料供給システムであるキャブレターの改良、電気技術を自動車に導入してドイツで最初の自動車部品メーカーとして地位を築いたボッシュによる点火システムの確立があり、各メーカーが競争して性能向上を図ることで、エンジンの機構も劇的に進んでいく。

フランスでは、プジョーとルノーが価格の比較的安価なクルマを中心にし、パナールは高級車志向を強める方向に進んだ。ドイツではベンツが大衆車、ダイムラーのメルセデスが高級車という傾向になった。しかし、あくまでも傾向としてみた場合であり、それぞれに一枚岩で確固として信念に基づいて方向を決めていたわ

1910年代のプジョーの工場。ベベ・プジョーはフランス最初の大衆車であり、それまで単気筒だったエンジンは、1913年に4気筒となり、数千台生産された。

けではなく、高級車を得意としつつも、大衆車の開発を試みるなど、それぞれに他のメーカーの得意分野に進出する方針が出されたり検討されたりしている。もちろん、大衆車といっても所得水準の高い人たちしか購入できないものであった。

若いルノーは第二次世界大戦当時まで経営者として君臨したが、、20世紀に入ってあまりたたないうち、ヨーロッパの多くのメーカーでは第一世代の経営者や技術者から、次の世代にバトンタッチされた。

■自動車用として定着したガソリンエンジン

自動車産業がそれぞれの国で無視できない大きさになる過程で、電気も普及していき、工場などの機械のための動力は電動モーターが主流になっていく。電気が通るようになったところでは、わざわざ内燃機関を使う必要がなく、ガソリンエンジンは自動車用に特化したものになり、独自の進化を遂げていく。熱効率にすぐれたディーゼルエンジンも実用化されたが、自動車用としてよりも発電用や各種の定置用動力として使用され始めた。

ガソリンエンジンの技術をベースにして発達したのが飛行機である。自動車用エンジンが安定して性能発揮するようになったタイミングで飛行機が誕生した。初期の飛行機エンジンは、自動車やオートバイメーカーによって開発され製造された。自動車の技術が確立していたから、飛行機はそのうえに立って進化することができたのである。

自動車以上にエンジン性能向上が要求される飛行機では、著しい技術進化を遂げるようになった。兵器として飛行機が重視され、国家的な規模で開発が進められ、性能向上は目をみはるものだった。その技術のいくつかは、自動車にもフィードバックされている。エンジンのきめ細かい冷却法やターボのような過給装置も飛行機が先であった。自動車同様に、初期の飛行機もフランスで発展が促され、ドイツがこれに続いている状況だった。

それはともかく、ダイムラーとベンツによって実用化の道筋がつけられたガソリンエンジン車は、自動車メーカーが競争することで進化した。ドイツではオペルやアウディがクルマをつくるようになり、イタリアではフィアットが名乗りを上げた。

エンジンの性能向上が図られ、クルマの機構も標準化された。クルマの基本骨格のスタンダードができたことで、その先のさまざまな発展を遂げることができたのである。

しかしながら、これまで見てきたように、ガソリンエンジン自動車が誕生してしばらくのあいだは、馬車を所有していた富裕層が自動車を持つ時代だった。少しずつクルマが普及するとはいうものの、多くの人たちが豊かさを実感できる時代には、まだなっていなかった。変化を促すのは、T型フォードの登場と、ヨーロッパ全体を戦場に巻き込んだ1914年に勃発した第一次世界大戦である。

ちなみに、ヨーロッパでガソリンエンジンの自動車が誕生して機構的に統合が図られるようになった20世紀初めの日本にも、自動車がわずかではあるが入ってきている。そして、1904年に始まる日露戦争で辛うじて勝利した日本は、近代化をさらに急ぐことになる。自動車を軍用に研究し始めるのも日露戦争を経験したからであった。もちろん、日本で自動車をつくることのできる技術はまだなかった。

第二章　アメリカの大量生産方式による大衆化

■アメリカ社会の特徴と自動車の関係

ヨーロッパとは異なる社会であるアメリカは、自動車メーカーのあり方も異なるものであった。19世紀の終わり近くになると急速に工業化が進んで、アメリカンドリームという言葉に象徴されるように、一攫千金を夢見る人たちが起業家として野心にあふれた活動をしていた。

新しい時代の乗りものである自動車も、新しい事業として注目されてきた。自動車メーカーになるのは、ヨーロッパよりも比較的イージーなところがあった。ヨーロッパでは新しい技術やアイディアを製品に生かすことが大きな課題だったのに対し、アメリカではとりあえず利益を生むか、人に先駆けて量産して市場を席巻するか、企業経営が優先されるムードのなかで、自動車産業が発展していった。

草創期のヨーロッパでは、自動車メーカーの技術はレースを通じて進化する傾向があったが、アメリカでは事業そのものが激しい競争の場であり、最初からライバルを蹴落とすような活動が活発であった。

自動車を映画に替えてみれば、アメリカとヨーロッパの違いが鮮明になる。ハリウッド製の映画は、たくさんの資本を投入してスケールの大きいドラマにすることで、多くの観客を動員しようとするが、ヨーロッパの映画は、物語性や芸術性など社会に訴えかける内容のものが多いという違いがある。どちらも、同じように撮影してフィルムに焼き付けて上映され、掛かった経費を観客から回収して利益を得るものであるが、映画のつくり方や狙いに違いが見られる。

ヨーロッパは長いあいだにわたって築き上げられた伝統や文化を背負って自動車が登場してきたが、移民の国であるアメリカは伝統や文化も新しくつくられていくものであった。

ドイツとフランスでも違いがあるが、アメリカとの違いはとても大きいもので、フランスとドイツの違いなどは、それに比較すればなきに等しいものになるほどだ。アメリカでは、最初から自動車メーカーは大量生産をめざしたのである。

ヨーロッパでは職人たちが長いあいだ修業して、それをもとに製品をつくり出す伝統があり、自動車も職人たちの手づくりによるものであった。アメリカでは職人を育てあげる伝統がなく、比較的簡単な作業で製品をつくるシステムが19世紀後半から根付いていた。優秀な工作機械で一つ一つの部品の精度をあげ、それらの部品を流れ作業で組み上げていくシステムで製品化された。

自転車やミシン、拳銃や鉄砲などがこれに当てはまる。ヨーロッパで修業を積んだ職人階級がアメリカにやってくるのは稀で、どちらかといえばヨーロッパなどで食い詰めた人たちがやってきていたから、作業が簡単になるようにマニュアルがつくられていた。

アメリカで自動車がつくられて販売されるようになるのは、ヨーロッパよりわずかに遅れて1890年代後半になってからである。1901年につくられたオールズモビル・カーブドダッシュは、最初から大量生産の低価格自動車としてつくられ成功した。1901年は600台だったが、年々生産台数を増やし、19

04年には4000台となり、翌1905年には5000台を突破した。ヨーロッパのメーカーとは比較にならない生産台数だった。

自動車製造は、新しいビジネスとして注目されたから、多くの起業家が目を付け、自動車メーカーの数は多くなった。自動車の製造が増えるにつれて、エンジンをはじめとしてさまざまな部品を専門につくるメーカーが誕生して、乱暴な言い方をすれば、部品を寄せ集めて自動車をつくることが可能であった。しかも、出来が良いものは大きな組織の販売会社がまとめて購入してくれたから、資金があまりなくてもメーカーとなることができた。

しかし、オールズモビルの例でみるように、量産によるコストダウンを図るところが組織的につくるようになると、設備に資金を投入する必要があり、弱小メーカーは淘汰されていった。

■アメリカにおける特許問題とフォード

アメリカの創世期の自動車産業のあり方を知る上で特徴的なエピソードとして、セルデンの特許問題がある。

ヨーロッパでは、4サイクルガソリンエンジンに関してのオットーの特許が認められずに自由につくることができるようになり、自動車の発展を促した。しかし、アメリカではガソリンエンジンを搭載する自動車の製造そのものが、1895年にジョージ・B・セルデンによって特許が取得されていた。このため、ガソ

アメリカで最初の量産車として成功したオールズモビルのカーブドダッシュ。テーラーシステムといわれる流れ作業で生産された。シンプルにつくられて低価格が売りだった。

リンエンジンを搭載する自動車をつくるには、特許料を支払わなくてはならなかった。

セルデンは2サイクルエンジン搭載の自動車を試作しようとしたものの、実際につくって走らせたわけではなく、図面による出願で、ガソリンエンジン搭載の自動車製造に関する特許が認められたのだ。セルデンは、1899年にこの特許の権利を電気自動車会社に売却した。1900年に、この電気自動車会社は、ガソリンエンジン搭載車メーカーに対して特許侵害の裁判を起こした。

自動車は新しい事業として伸びていくことが確実視されており、有力なメーカーの多くは特許料を支払ってつくることにした。特許を持つ電気自動車会社は、新しく特許自動車製造者協会を設立し、この組織が特許料を受けとることになった。この協会は単に特許料という利得の追求だけでなく、特許料をもとにした資金で自動車部品の規格統一を図るなど、自動車の発展に寄与する活動をするようになった。

特許を支払う自動車メーカーは、この特許自動車製造者協会の組織員となったから、一種の自動車工業会のような組織に発展した。ビジネス感覚に優れたアメリカならではのことであった。

特許自動車製造者協会は、自動車に使われるボルトやナットをはじめとする部品のサイズを統一することで、異なるメーカーのクルマにも共通に使用することを可能にした。点火プラグのサイズなども規格が統一された。

この特許自動車製造者協会にフォードは加入していなかった。というより、自動車をつくり始めたフォード自動車が加盟申請をしたところ、認められなかったのだ。フォード自動車とヘンリー・フォードに関しては、このあとで見ることにするが、当時のフォード自動車は、規模も小さく有力なメーカーであると判断されなかったようだ。

フォードは自動車メーカーとしてやっていくには、特許を無視して自動車をつくり続けるしかなかった。

当然、裁判沙汰になるが、それは覚悟の上だった。アメリカで伸し上がっていくためには、裁判でひるんでいるわけにはいかない。フォードはセルデンの特許は無効であると訴え戦うことにしたのだった。

特許自動車製造者協会では、フォードユーザーに向けて、裁判に負けたら特許料を支払わなくてはならなくなると脅しをかけた。これに対し、フォードは、裁判に負けた場合でもその支払いはフォードが保証すると宣言した。フォードは、実際に自動車そのものをつくっていないのに特許を認めたことが間違いだと主張、特許自動車製造者協会に加盟していないメーカーがフォード側について、自動車メーカーの二大勢力の争いは加熱したのだった。

裁判は長くかかったものの、最終的には１９１１年に特許の無効という判断がくだされて、フォード側の勝利となった。それまでに自動車メーカーとして成功していたヘンリー・フォードは、これによってアメリカンヒーローとして注目される存在になったのである。

■フォードの自動車づくりのはじまり

フォードが有名になったのは、この裁判によってというよりも、のちにフォーディズムといわれるベルトコンベアを使った大量生産方式の確立による製造革命を起こしたからである。オールズモビルにより１９００年代から始められていた量産を、極限まで押し進めて自動車を大衆化した。それが、自動車の方向に大きな影響を与えた。アメリカだけでなく、ヨーロッパにも及ぶクルマの歴史を大きく変えるものであった。

フォードの成功は、新しい時代を先取りするものであった。それはフォード自身による先見の明というよりも、アメリカ最大の自動車メーカーになるためのフォードの賭けであった。

ヘンリー・フォードはアイルランド移民の二世として生まれた。ジャガイモの不作によりアイルランドで食い詰めた父親が、アメリカに移住してデトロイト近郊のディアボーンで農業を営んでいた。ヘンリーは、父親の跡を継いで汗水たらして農業をする気持ちは最初からなかった。子供のころから機械いじりが好きで、機械に対する興味と手先の器用さで群を抜く才能を見せた。時計の修理に子供の頃から才能を発揮して、働き始めると昼間の仕事とは別に、時計の修理のアルバイトをしている。

ヨーロッパで自動車がつくられるようになったニュースがもたらされ、フォードも関心を抱くようになった。野心家であったフォードは、これから発展する可能性の高い自動車づくりで身を立てる決心をした。機械づくりではそんじょそこらの人たちに負けない腕と技術を持っているという自負があったからだ。

最初にフォードがつくったガソリンエンジン自動車は、クワドリサイクルといわれる馬車のイメージの強いものだったが、次第に進んだ形の自動車をつくるようになった。エンジンを手に入れることが容易になったことで、フォードは試作を繰り返し、自動車メーカーとしての歩みを始めた。

多くの自動車メーカーは、アメリカでも馬車製造や自転車メーカー、あるいはさまざまな機械加工などの事業を営んでいた経営者たちが、ベンチャーである自動車に目を付けて始めているが、農民の子であるフォードは資産もなく徒手空拳で挑んだ。自らの機械づくりの腕だけがたよりだった。

彼の腕を見込んで出資者が現れて最初の自動車をつくったときには、フォードは自分の名前を売り込むために自動車レースにも熱心に取り組んでいる。しかし、そのために最初の会社を追い出されることになって、新しく何人もの出資者を得て1903年にフォード自動車を改めて立ち上げている。それからのフォードは、レースには見向きもしていない。

最初は多くの部品を購入してアセンブリメーカーとしての活動であった。あまり評判にならなかったようだ。そんななかで、クルマづくりのノウハウを学び、他のメーカーに負けないクルマをつくるようになっていった。その過程で、出資者との意見の対立が表面化することもあったが、フォードは自分の意見を押し通し、事業を展開するなかで自分の持ち株を増やしていき、次第にワンマン体制を確立していった。野心家であるフォードは、経営的な観点でクルマづくりをするという、その点でも並外れた能力を発揮したのである。

■T型フォードの誕生

1905年につくられたフォードN型は、エンジンを初めとして多くを自前でつくったもので、売れ行きも好調だった。フォードは、さらに改良して新しく直列4気筒でありながら一体の鋳物でエンジンをつくり、変速操作も楽になるモデルをつくり上げた。N型よりひとまわり大きいクルマ、T型フォードである。これは大衆車といわれたが、フォードは簡易なつくりにせずに一つ一つの部品をおろそかにしなかった。

大衆車は、コストを下げるためにエンジン排気量も小さく、2気筒エンジンが多かったが、そうなるとエンジンの振動が大きくなり、乗り心地が悪くなるなど安っぽいイメージのクルマとなった。T型フォードは、振動で有利になる直列4気筒エンジンにしており、大衆車でありながら、フォードのクルマづくりの技術を総動員した決定版といえるものであった。

フォードは、鋳物づくりが自動車のベースになる技術であると見抜き、歩留

1905年に発売されたN型フォード。このクルマからエンジンを自製、直列4気筒とし、ヒット作であった。

フォード自動車の1号車であるA型フォード。エンジンをはじめ多くの部品を購入してつくられた。

まりが良くて品質の高いものをつくるように仲間と努力を重ねた。良い鋳物をつくるためには、その材料となる鋳鉄が良くなくてはならず、フォードは製鉄工場まで自前でつくっている。当時、4気筒エンジンのシリンダーブロックを一体鋳造するのは、かなり難度の高いことで、技術的に優れたフォードだから可能になったのだった。

1908年に完成して市販されたT型フォードは、果たして評判が良かった。しかし、ベルトコンベア方式の大量生産が始められるのは1913年になってのことで、T型フォードの市販を開始してから5年後のことである。最初からベルトコンベアによる大量生産を前提にしてつくられたものではなかったのだ。

1893年にアメリカは不況になったが、20世紀に入ると回復し、その後、1907年に景気後退が見られたが、すぐに回復した。そのタイミングでの発売だった。

T型フォードは翌1909年になると、年産1万台を超える売れ行きを示した。発売前の市場調査では、車両価格が600ドルなら相当に販売が見込めるというデータがもたらされたものの、コストを考慮して850ドルとした。それでもかなり廉価であると思われて、販売台数は増え続ける勢いだった。

T型フォードを増産するために、デトロイトにある工場のほかに、新しくハイランドパークに工場を新設した。その経費を見込んでT型フォードは910ドルに値上げされたものの、売れ行きは落ちるどころか、1910年には年間生産は

1908年につくられたT型フォード。N型よりひとまわり大きく完成度の高いクルマとして登場した。このヒットによりフォードは規模を拡大していく。

1万8000台まで増えた。フォードの工場でもフレームを移動させながらボディや各種のパーツを取り付ける組立て方式がとられていたが、それはすでにオールズモビルでもやっていたことで、とくに新しいことではなかった。

ヨーロッパでは、自動車を購入できる中間層が育っていなかったが、アメリカでは一足先に大衆化社会が到来していた。20世紀に入る前から都市には大規模なデパートができ、人々の暮らしに変化が見られるようになっていた。医者や弁護士、公務員、中小企業の経営者だけでなく、大企業の従業員のなかに所得の多い人たちが出現して、自動車の購買層を形成するようになった。

増え続ける需要を満たすには、さらに生産増強する必要があったが、そのためには、莫大な投資をしなくてはならない。生産規模を拡大すれば、それを維持し続けないと経営を圧迫することになり、リスクがあった。そのリスクを分散するために大衆車から高級車までラインアップを揃えて、幅広くユーザーの期待に応えるのが自動車メーカーの拡大手法だった。

■フォードによる大量生産方式の誕生

販売台数を増やしたフォードは、次の手段として、それまでどのメーカーも試みなかった方法を取ることにした。他のモデルすべてを捨て、T型フォードだけの製造販売に絞るという思い切った方針だった。

こうした決断をした背景には、T型フォードはヘンリー・フォードが持っている自動車技術のすべてを動員して完成させたモデルであり、他のメーカーが容易に追いつくレベルのクルマではないという自負があったことがあげられる。さらに、他の有力メーカーに対抗していく手段として、他のメーカーと同じやり方では戦いに勝ち抜くことができないかもしれないという判断があった。

アメリカの産業界を牛耳っているのは、当然のことながら強い基盤と伝統を持つワスプといわれる人たちである。アメリカ建国以来、エスタブリッシュメントとして活躍したアングロサクソンでプロテスタントである人たちで、その代表がゼネラルモーターズの創業者のウィリアム・デュラントである。アイルランド出身のフォードは、そのハンディキャップを跳ね返すためには、尋常でない手段をとる必要があると考えたのだ。

主役となった自動車メーカーはオーソドックスな手法で、主流となっている機構のクルマをつくることで勝負することができる。いわゆる王道をいくわけだが、追い上げる立場にある脇役のメーカーは、生き残るためにはリスクのあることを覚悟して、トップメーカーが選択しない手法や方針を打ち出していく必要があった。そうでなくては、トップメーカーに打ち勝つことなど不可能である。

T型フォードだけの大量生産に踏み切ったのは、フォードが自動車メーカーとして脇役から主役に伸し上がろうとしたからであった。他のメーカーがニューモデルの開発に技術的に大きなエネルギーを割いているあいだに、T型の生産のみにフォードの持てるエネルギーを注ぎ込んだ。そうすれば、生産コストを下げることができる。

こうした決断がなされたのも、ヘンリー・フォードによるワンマン体制が敷かれており、彼の決断に反対する人がいない状況がつくられていたからだ。フォード一家のような首脳陣が形づくられており、その多くはフォードと同じようにワスプではなく、ドイツやデンマークなどからの移民の子孫が多かった。

T型フォードの生産方式が新しくなるきっかけは、1913年4月にフライホイールマグネットの生産ラインの組み立て技術者が、新しい組み立て方式を試み、それが成果を上げているという報告がもたらされたことだった。

エンジン回転をスムーズにする部品であるフライホイールのなかに点火用のマグネットなどを組み込んでシステムとして完成させる作業が、車体の組み立てラインの前に実施されていた。このフライホイールマグネットは29の部品で構成されているが、従来はそれらの部品をそれぞれの作業者が一人で組み立てていた。これを流れ作業にして29人がそれぞれ一つの部品だけを取り付けて作業を単純化したところ、それまでよりも遥かに早く完成できることがわかったのだ。実験してみると、半分以下の作業時間に短縮できた。流れ作業のスピードを上げると、さらに短縮できる可能性があった。この流れ作業は、エンジンや車体の組み立てにも応用できるものだった。

ここからは、フォード自身の主導によりベルトコンベアの導入が図られる。19世紀の後半から精肉工場では、加工ラインにはベルトコンベアが導入されており、これがヒントになった。ベルトコンベアの流れるスピードが速ければ作業能率を上げることができるから、作業の確実性が保てる範囲のぎりぎりのところはどこにあるか、フォードはストップウォッチを片手に、まずはロープでラインのスピードを加減して決めていった。

ベルトコンベアによる組み立ては、画期的な生産性向上をもたらした。ボルトの取り付けでも、ナットを取り付ける人、ボルトを差し込む人、締め付ける人と3人が関わることになり、それぞれの作業はきわめて単純化された。そして、作業のリズムをつかむとベルトコンベアのスピードが上げられ、生産性の

1913年から実施されたフォードの大量生産方式。ベルトコンベアによる車体の組み立て。フォードの工場では1階でシャシーを、2階でボディを組み立てた。完成車は2階から降りてきてテストコースに運ばれ最終チェックを受ける。

さらなる向上が図られた。こうした製造システムに改めることで需要に応えられない状況を脱し、コスト削減もそれまででは考えられないほどの効果を生んだ。

他のメーカーは、ニューモデルの開発のために多くの技術者を動員し、性能向上や使いやすくするために技術エネルギーを使っていたが、フォードは一つの車種のみの生産性向上、それに使用する原材料の一括購入や部品の入手など、集中的に取り組むことで大幅なコスト削減を可能にした。そして、材料や部品も自前で調達する方向に進んだ。コスト削減により車両価格を下げ、それによって販売が増えた。販売が増えることでさらなる大量生産が可能になり、それまで以上のコスト削減が可能になった。

大量に販売することで、アメリカ全土の販売網の確立を進め、補修部品の全国ネットなど自動車の維持に欠かせない供給体制の充実が図られた。コスト削減により車両価格の引き下げだけでなく、サービス体制を充実させることで、他のメーカーの追随を許さない製造販売体制を確立するに至った。

■大量生産方式を支えたアメリカ産業

フォードによる大量生産方式がもたらされた翌年の1914年には第一次世界大戦が勃発する。戦場はヨーロッパに限られたことで、アメリカへの影響はあまりなく、フォードは順調に生産し販売を伸ばしていくことができた。アメリカが参戦した1917年には生産台数を引き下げ、翌18年には飛行機のエンジンをつくるなど全面的に戦争に協力したが、戦争はそれからあまりたたないうちに終わったので、生産が縮小した期間は長くなかった。

T型フォードは、1914年には30万台、翌15年には50万台生産された。これはアメリカにおける他のすべてのメーカーの生産台数を上まわるもので、フォードは圧倒的な差でトップメーカーの地位に就いた。

ついに主役となったのである。

その後も販売は増え続け、1920年には80万台になり、1921年には一挙に125万台となった。販売台数が増えると車両価格を下げたから、他のメーカーが性能で優位に立とうが、スタイルで好評を得ようが、フォードの優位を脅かすことにはならなかった。

フォードの大量生産・大量販売方式が成功したのは、豊かさを獲得した中間層が増えていく時期と重なったからだ。アメリカ社会が大きく変化し、T型フォードは時代の要求にかなうものであった。T型フォードが大量に販売されることで、自動車を中心にした都市づくりが進行した。

さまざまな分野の産業が、自動車の普及を促す方向にシフトした。まず石油業界が自動車燃料となるガソリンの増産を図り、これを事業の中心にすることを決定した。19世紀から産油国となったアメリカでは、石油の精製で出てくるガソリンは、全体の10％ほどだったが、どちらかというと使い道のないものだった。それが自動車の普及により商品価値が生じてきたのである。テキサスなどで新しく大量の油田が見つかり、使い道を求めている最中のことであった。石油産業の発展のために、自動車がさらに普及することが望ましかった。ガソリンに精製する率が上げられ、各地にガソリンスタンドがつくられ、燃料の供給に関する不安が解消され、長距離ドライブが可能になった。

逆に19世紀に敷かれた鉄道網は充実するどころか路線が縮小された。その

T型フォードの販売台数と車両価格の推移

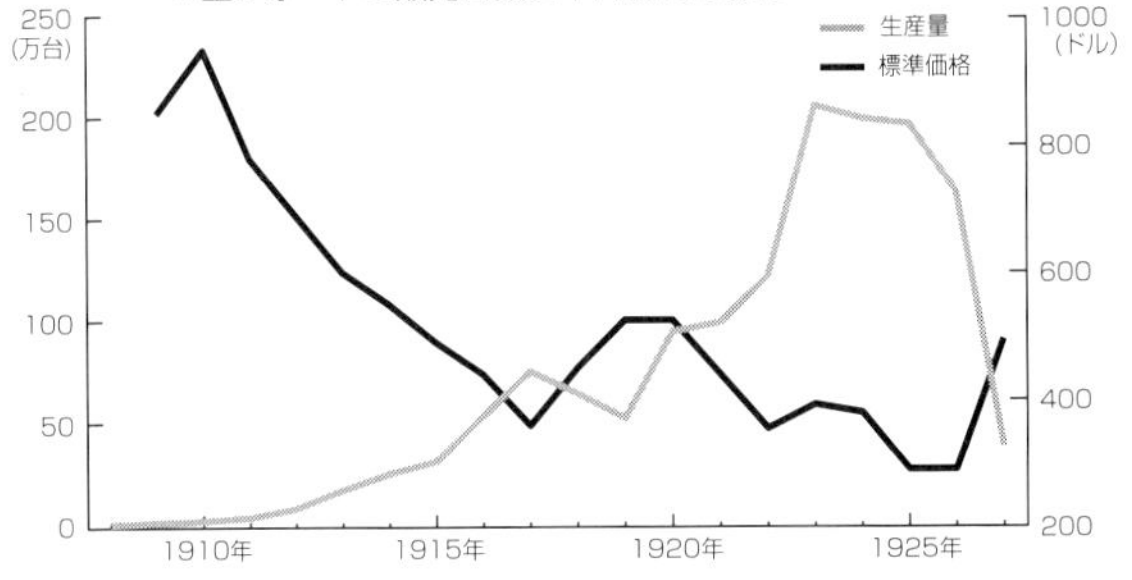

ため、移動に自動車を使用する人たちが多くなっていった。ガソリン税もヨーロッパに比較して安く、ユーザーに対する燃料代の負担も大きくなかった。道路も整備され、広いアメリカで、クルマはなくてはならないものになる様相を示した。

鉄鋼も自動車をターゲットにする方向にシフトした。初期の車体は木製の骨組みが使われたが、生産性の良い鋼板がつくられ、フレームも含めて鉄鋼の使用率が高くなっていった。鉄鋼メーカーも、自動車メーカーが必要とする鋼板の比率を増やしていった。ガラスやゴム製品など自動車関連産業の裾野は広くなり、そこで働く人たちが増えた。フォードが大量生産することは、これらの産業にとって大変好ましいことであった。

■クルマの普及によるアメリカ社会の変貌

フォード車が大量に売れるようになったときと、アメリカの都市内の輸送機関の整備を進める時期と重なったところが多くみられた。ニューヨークやボストンといった大都市は、以前からインフラ整備が進められていたが、フロンティアといわれる西部地域などは、都市のインフラ整備に当たっては自動車を所有する人たちに便利なようつくり替えられた。

その代表がロスアンゼルスである。20世紀になってから多くの人たちが住み着くようになり、地下鉄や路面電車などが計画され、一部が実行に移された。しかし、その後は、これらの近距離輸送のインフラは整備されなくなり、生活圏の拡大とともに自動車がなくては生活できない都市になった。ロスアンゼルスで最初に自動車による公害問題が発生したのは、自動車の走行台数が多いことが最大の原因であった。

自動車は、合法的に人々を差別することを可能にするものでもあった。自動車を所有することのできる人たちは、一定以上の収入のある人であったから、そうした人たちだけが生活できる都市をつくるには都合が良かったのだ。南北戦争が終わってから奴隷解放があり、その後の農業の機械化などで、南部にいた黒人層が大量に北部の都市に流れ込んでいった。職にありつける人たちばかりではなかったから、スラム化するところがあった。そうしたところから富裕層がまとめて逃げ出すには、クルマが欠かせなかった。郊外の広大な土地に自動車を使用することを前提にした生活空間をつくることは、比較的容易であった。第一次世界大戦後に大量の黒人が北部に移動しており、普及しつつあった自動車を所有する層によって、黒人たちのいないところに住み着く傾向が見られた。アメリカでは、自動車がやんわりと特定の人たちを排除するための道具となった。豊かさを実感することの意味が、ヨーロッパなどとは違った側面があったのだ。

フォードが選択した大量生産・大量販売方式は、アメリカが進む方向と合致し、その流れに乗ってますます販売台数を伸ばすことができたのである。

■ゼネラルモーターズの活動

ここで、その後フォードを破ってアメリカの自動車メーカーのトップに躍り出るゼネラルモーターズの動向を見ることにしよう。アメリカの典型的な自動車メーカーであり、フォードときわめて対照的である。アメリカの大企業がその分野の産業を牛耳るための手法としてトラストがあるが、ゼネラルモーターズはそうした企業連合体をめざした自動車メーカーである。

創設したのは馬車製造会社の経営者であったウィリアム・デュラントで、最初は

1908年に市販されたゼネラルモーターズのオールズモビル・シリーズM。直列4気筒エンジンを搭載した高級車だった。

ビュイックが営む自動車メーカーの経営を引き受けたことからこの世界に入った。他のメーカーを吸収してトラストをつくりあげることが夢だったが、馬車時代はうまくいっていなかった。新興メーカーの多い自動車では、競争が激しくなるにつれて資金の調達が困難になるところがあって、買収するチャンスがあると見たデュラントは、有力なメーカーと交渉し、いくつかを傘下に収めて1908年にゼネラルモータースとしてひとつの組織体とした。その後も拡大を続けるうちに資金がショートして金融業者の手に渡り、デュラントは追い出されたものの、新しくシボレーの製造権を獲得し、それを持ってゼネラルモータースに復帰した。

さらに、その後も部品メーカーも抱え込んで規模を大きくした。デュラントは、多くのメーカーを傘下に収めることで、赤字の企業があっても全体でみれば黒字の企業がそれをカバーできるという考えで、あまり経営状態の良くないと思われる企業まで買収の手を伸ばした。

しかし、その手法は次第に時代遅れのものになり、紆余曲折があったうえで、化学工業製品で大企業となったデュポンが大株主となり、ゼネラルモータースの経営権を握った。デュラントがトップとして経営していたものの、昔ながらの杜撰な経営を続け、ゼネラルモータースの全貌がどうなっているか分からない状況になり、その経営手法に反発する声が聞かれるようになった。

そうしたなかで、決定権を持つ大株主のデュポンが、このままデュラントに任せていたのでは将来性がないとして、デュラントを追い出してしまったのだ。第一次世界大戦による好景気のあとに1920年に不況が訪れても、デュラントのやり方に変化がみられなかったからだ。

デュポン社は、第一次世界大戦により莫大な利益を得て化学部門はますます拡大していた。総帥であるピエール・デュポンはデュラントのあとのゼネラルモータースの社長に就任し、自動車メーカーとして、デュラントの杜撰な経営の後始末とフォード追撃の指示を出した。

副社長としてゼネラルモーターズの改革に取り組んだのが、アルフレッド・スローンだった。ベアリングなどをつくる部品メーカーを経営していたが、ゼネラルモーターズの傘下に入り頭角を現してきた。スローンがゼネラルモーターズの傘下に入る決心をしたのは、フォードもゼネラルモーターズも自動車部品を自製するか傘下のメーカーにつくらせるか、いずれにしても独立して部品メーカーとして複数の自動車メーカーと取引することが先行き不可能になると判断したからだった。

ゼネラルモーターズの経営陣に加わったスローンは、デュラントの経営手法を改めるように組織変更などの提案をしたものの、デュラントに無視された経験を持っていた。

デュラントが去ったことによって、スローンは自分の手で改革ができる立場になった。中産階級の出身で、技術系の大学教育を受けており、古いタイプの経営者たちとは違って、全体を見渡して組織的に経営する新しいタイプの経営者であった。なお、フォードが120万台を突破した1921年にはシボレーが12万台、ビュイックが8万台という販売台数であった。それでも、2位と3位の台数であった。

■ゼネラルモーターズのトップ交代劇

最初にスローンがやったことは、企業連合であるゼネラルモーターズを一つの組織として管理することだった。各部門の売り上げと経費を個別に管理するとともに、全体の状況を把握する中央管理システムを構築した。

デュラントの時代は、全体を把握できる立場にあるのはデュラント一人であったが、彼自身も規模の大きくなった組織の全体像をつかんでいなかった。ゼネラルモーターズの全体を誰も把握していなかったのだ。自動車生産が増え、売上高が順調に伸びていれば、それでもボロは出ないで済んでいたのかもしれない。

1923年にスローンは、ゼネラルモーターズの社長に就任する。それは思ってもいない人事だった。というのは、連邦政府がデュポンに対してゼネラルモーターズの株式を売却するように命令したからである。

19世紀の後半から各種の産業が勃興し、資本主義体制が構築されるようになった当初は、政治権力は、起業家や経営者が有利になるような政策を実施した。そんななかでロックフェラーの石油、カーネギーの鉄鋼、ベルの通信、エジソンの電機などの大企業が誕生し、それぞれに新製品やシステムを開発して巨大企業に成長した。それらの企業に労働組合がつくられ、ときには労使対立が先鋭化することがあった。

20世紀に入るころから政府は、企業寄りの姿勢から中立に転じ、対立する労使の仲介を果たすようになるとともに、巨大化する企業が独占的になることを禁じる姿勢を鮮明にした。一つの企業が産業を支配することになれば、自由な競争が保証されなくなるからだ。アメリカの資本主義は弱肉強食という側面が強いといわれるが、独占禁止法により歯止めをかける措置がとられたのである。

デュポン財閥が巨大化する化学部門だけでなく、産業として伸びつつある自動車部門でも支配的な地位を占めることは、自由な競争を妨げるという判断で、デュポンの所有するゼネラルモーターズの株式は民間に放出され、ゼネラルモーターズは多くの株主に支えられる企業に変身したのである。

社長になったスローンは、もはや雇われ経営者ではなく、持てる手腕を存分に発揮できる立場になった。スローンは、フォードから自動車メーカートップの座を奪う決心をした。

■フォード王国の完成とほころび

T型フォードは、アメリカの年間自動車生産の半分以上を占めるまでになっており、フォードはその成功の果実を摘み取ることに忙しかった。さらに生産効率を上げるためにディアボーンに、それまで以上に生産効率を向上させるT型専用の生産設備を導入、最新鋭の工場を新しく建設した。これが有名なリヴァー・ルージュ工場である。鉄鋼からガラスまで自社製でまかなう体制がつくられた。1916年に工場の建設が始まり、大戦終了直後の1918年から稼働を開始した。

フォード王国の完成だった。それまで以上にT型フォードの供給はスムーズになったが、1920年の不況でT型の販売はわずかに落ち込んだ。しかし、強気なフォードは販売店に対して、フォードが計画する台数の車両を引き取らないところとは契約を続行しないと通告し、フォードにしたがうように促した。多くのところがそれにしたがったから、フォードは資金がショートすることもなく不況を乗り切ったのである。しかも、1922年になると景気は回復して、T型フォードの販売は上向いた。

発売されてから20年もの歳月がすぎたT型フォードは、機構的に古めかしさが目立つようになってきていた。1919年からフォード自動車の社長の地位は、ヘンリー・フォードの一人息子である25歳のエドセルになっていた。彼はクルマ好きであり、ワンマンである父に対して、新しいクルマの開発を提案したが、受け入れられなかった。T型フォードを否定するのは、自分のやり方を非難することだと受け取ったヘンリー・フォードは、エドセルに対して怒りさえ見せたようだ。

実際には、T型フォードだけでなく、フォード自身も、時代に遅れた経営者になりつつあった。しかし、並外れた成功を手にし、その成功が続いているようにも見えたことから、逆に自信を深めて改める意志は毛頭なかった。ゼネラルモーターズが、新しい感覚と知性を持った若い世代の経営者に変わったのとは大きな

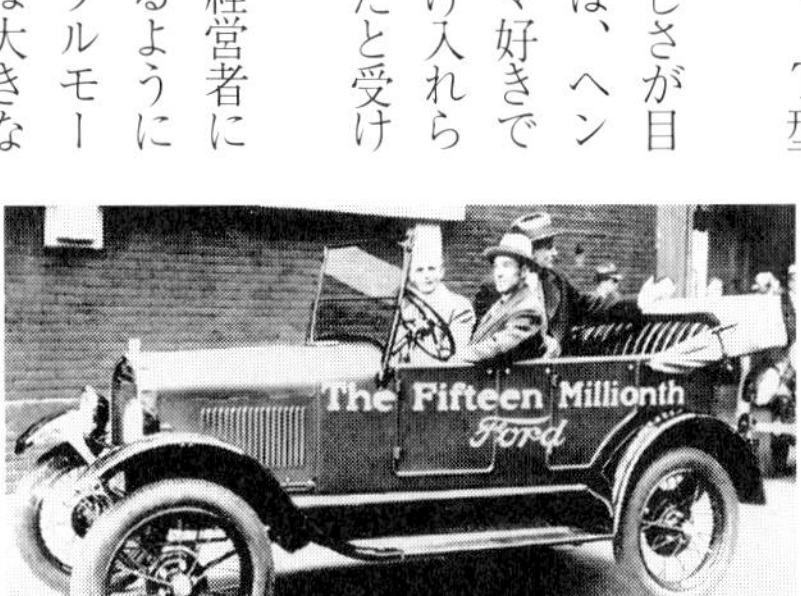

1926年にT型フォードは生産累計1500万台を突破、それを記念したセレモニーが挙行された。しかし、このころになると古めかしさが目立つようになり、シボレーに追い上げられてきた。

違いであった。

■ゼネラルモータースによるフォード追撃作戦

最高級車種としてキャデラックがあり、ポンティアック、オールズモビル、ビュイック、それに大衆車部門のシボレーと、ゼネラルモーターズは乗用車をそろえ、それぞれにモデルチェンジを図って新しい機構を採用していた。販売台数ではフォードにかなわなかったものの、どれも健闘しており、自動車メーカーとしての基盤もしっかりしていた。

T型フォードは1923年には年間180万台という販売台数を記録、これがピークであった。その後数年は、それに近い数字を維持したものの、販売台数は下降気味となった。1920年代には自動車全体の売り上げは伸びていたから、フォードはシェアを落としたことになる。

1925年には、アメリカの自動車保有台数は2000万台に達した。所得が伸びる層が増えており、自動車の需要は堅調であった。電話、それに洗濯機や掃除機などの電化製品を揃える家庭が増え、大きな冷蔵庫にはクルマでまとめ買いした食料が保管されるようになった。便利な生活を自動車が支えていた。しかし、この頃になると大きな変化が訪れていた。

それは、初めてクルマを購入する人たちよりも、買い替えで新モデルを購入するユーザーが多くなったことである。その変化を見逃さずに手を打ったのがスローンである。

ゼネラルモーターズ傘下のシボレーはフォードのライバル車であった。しかし、1920年ころまでは、ゼネラルモーターズの利益は、キャデラックやビュイックといった価格の高いクルマから得ており、シボレーをT型フォードなみの価格にすることはできなかったものの、大衆車としての位置づけで安価な設定にしていた。そのため、シボレー部門は販売が伸びずに赤字を計上していた。

シボレーは、フォードと差別化を図ろうと毎年ニューモデルとして新しさを売りものにする作戦を展開、その効果が少しずつ現れるようになった。T型フォードよりも高級感があるイメージを強めるとともに、車両価格はT型に近づけたのである。同じ直列4気筒ながらエンジン排気量を大きくして、シャシーなども新しい機構を採用、スタイルも新しくし、装備も豪華に見えるようにした。T型フォードもセルフスターターを採用するなど新しいシステムを導入したものの、中心となる機構やスタイルは旧態依然としたままだった。

自動車を初めて持つ人たちは、クルマの中身や性能よりも価格の安さを優先しがちだが、一度クルマに乗った経験のある人たちは、最初のクルマよりも性能がよく豪華に見えるものを選択する率が高くなる。豊かさを実感した人たちは、次に乗るときには、その前のクルマより豪華で性能の良いクルマのほうが、その豊かさを味わうことができる。わずかな価格差しかなければ、なおさらであろう。

そうした顧客の心理を洞察して新しいモデルを提供するシボレーの戦略は、T型フォードとの販売台数の差を縮めた。ヘンリー・フォードがT型フォードにこだわることで、ますますシボレーが有利になったのだ。1926年にフォードは伸び悩んだが、シボレーは大きく販売台数を増やした。まだその差は大きかったものの、シボレーが確実に追い上げている感じだった。

T型フォード以外に売るもののないフォードは、ライバルのシボレーに王座を奪

1928年終わり近くなって登場したフォードA型。三速変速機、四輪ブレーキ、油圧式ダンパーなど新しい機構となった。このときはT型と同じ直列4気筒エンジンだった。

われることは自動車メーカートップの地位も奪われることを意味した。

１９２７年5月に、フォードは突然T型の生産を中止する。このときまでT型フォードは、この年60万台ほど販売していたが、シボレーは年間で１００万台を超える販売実績を上げて、初めてフォードを上まわった。フォードが途中で勝負を降りたからで、ヘンリー・フォードにしてみれば、真っ向勝負でシボレーに破れる現実に直面したくなかったのであろう。フォードの従業員も販売店もT型の生産中止は寝耳に水であったが、これもフォードのワンマン体制ゆえのことであった。いくら巨大になっていても、ヘンリー・フォード一人の意志で大企業の方向が大きく左右されたのである。

もちろん、闇雲に生産中止したわけではなく、新しいクルマの開発が始められた。T型に代わって登場するA型フォードは1年のブランクののち１９２８年に姿を現した。フォードの20年ぶりの新型車に世間の注目が集まった。T型より装備が充実したものの、エンジンは旧タイプのままだった。

再びシボレーを上まわる販売台数を示すこともあったが、かつてのように圧倒的な差をつけることはなく、いい勝負をするようになった。これにクライスラーの大衆車のプリマスが加わって三つ巴の販売合戦が繰り広げられる時代となった。

フォードが自動車メーカートップの座をゼネラルモーターズに譲ったのは、世の中の変化についていくのに遅れた結果だった。これ以降、ゼネラルモーターズの優位を揺るがすメーカーは現れなかった。ゼネラルモーターズがトップメーカーになったの

1927年のシボレーの最終組立てライン。この年に500万台生産を達成、ついにT型フォードの年間生産台数を上まわるようになった。

は、頑迷になって時代の変化に対応できないままのヘンリー・フォードと、的確に手を打った新世代のアルフレッド・スローンとの経営者の違いであった。

フォードとシボレーの対決が見られるなかで、1929年の世界恐慌が訪れる。それによりアメリカ社会は大きく変化し、同時に自動車メーカーも揺れ動いていく。弱小メーカーが淘汰されるなかで、ゼネラルモーターズ、フォード、クライスラーというビッグスリーが形成され、アメリカ独自の自動車のかたちがつくられていくことになる。それについては、のちに触れることにして、ここで再びヨーロッパの自動車について見ていくことにしよう。

第三章　第一次大戦以降のヨーロッパ車の動向

■フォードの生産方式の影響

ヨーロッパが戦場となった第一次世界大戦は、それぞれの国のかたちを大きく変え、ヨーロッパの社会を変えた。多民族国家だったオーストリア・ハンガリー帝国を支配していたハプスブルク王朝が崩壊し、それぞれの民族中心に独立した国に分かれ、敗戦国となったドイツも帝国から共和国に生まれ変わった。敗戦による疲弊に加えて多額の賠償金を課せられて、ドイツはしばらく苦しむようになり、その反発もあってアドルフ・ヒトラーが登場する素地がつくられる。

フォードによるベルトコンベア方式の量産体制の成功は、すぐにヨーロッパにも伝えられ、フォードによる大量生産方式の影響がヨーロッパで見られるようになるのは、この戦争後のことである。アメリカほどではないにしてもヨーロッパでも中間層が増えて、大衆車が根付く兆しが出てきた。

フォードの生産方式に積極的な関心を示したメーカーは、イギリスのオースチンとモーリス、フランスのシトロエン、ドイツのオペル、イタリアのフィアットなどであった。

高級車を中心にした有力メーカーが、大衆車にそれほどの興味を示さなかったのは、アメリカのように株主に配当するために大きな利益を得ることをめざすのではなく、新しい技術を駆使した高性能なクルマをつくり続けて、自動車メーカーとして存在感を示すことを優先したからであった。

いっぽうで、一人前のクルマを購入できない人たちをターゲットにして、フランスやドイツなどではオートバイの部品を流用した簡易なクルマがつくられるようになっていた。それらはサイクルカーと呼ばれ、価格を安くすることが最優先された。スピードも安定して出せるものではなく、乗り心地もあまり良くなかった。ある程度は町中で見られるようになったものの、豊かさを実感するものになっていなかったから、既存のクルマを脅かす存在にはならなかった。

フォード方式により量産することで価格を低く抑えることができれば、サイクルカーに替わる大衆車として根付く可能性があった。その狙いが的中して、価格の安い大衆車が登場すると、サイクルカーはたちまちのうちに姿を消していった。「自動車もどき」はあだ花で終わった。T型フォードがそうだったように、大衆車としての条件の一つは、一人前の自動車になっていることであった。

第一次世界大戦が終わってからは、フォード方式に学んだ大衆車がつぎつぎに登場してくると、ヨーロッパのクルマを巡る様相も大きく変わることになった。

■新興メーカー・シトロエンの活動

第一次世界大戦後に自動車メーカーとして名乗りを上げたフランスのシトロエンは、最初からフォード方式を取り入れて成功した。それまでの自動車メーカーのいき方に一石を投じるものであった。

フォードのベルトコンベアによる大量生産方式に早くから注目していたアンドレ・シトロエンは、第一次大戦が勃発すると兵器生産を始めた。作業を単純化して能率を上げるフォード方式を兵器の製造で採用、他のメーカーではできない量の銃砲を短期日のうちにつくることを可能にした。少しでも早く入手したい軍部からは、さらに大量の受注に成功し、戦争のあいだにシトロエンは大きな財産をつくった。

経営者として優れた能力を発揮したシトロエンは、戦争中に戦後のことを考え始めていた。戦争が終われば兵器の生産は大幅に縮小されるのは分かりきったことだった。兵器のベルトコンベア生産も、戦後にこの方式で自動車をつくるためのテストケースの意味があった。

ハーバード・オースチンやウイリアム・モーリスなどのイギリスの自動車メーカーの経営者たちも、アメリカのフォード工場に行き、ベルトコンベアによる組立ラインを視察し、それをどのように導入するか検討するようになるが、もっとも早く行動に移したのがシトロエンだった。

フォード工場の視察から帰ったシトロエンは、購入したT型フォードをバラバラに分解して、各部品がどのようにつくられているか分析し、どのようなクルマにするか思案した。フランスでは、フリーランスの優秀な設計者がメーカーからの仕事を請け負っており、自動車メーカーとしての活動を始めるにあたって、経験の乏しいシトロエンは、技術者であるジュール・サロモンにクルマづくりを依頼した。

サロモンはシトロエンの要求に応え、設計から試作まで請け負った。それをシトロエンに引き渡したのは1919年6月、大戦終了から1年ほどたったときだった。これがシトロエンの最初のモデルとなったシトロエンA型である。

シトロエン社の宣伝の仕方はユニークだった。その代表がエッフェル塔の電光広告だった。

シトロエンは、工場建設に当たってフォード生産システムを最初から導入したヨーロッパ最初のメーカーとなった。既存のメーカーは、設備を大幅に変更するのは大変な経費と工事期間が必要となるが、シトロエンはすべてを新規に手配するから、既存のメーカーが設備を入れ替えるよりも犠牲が少なくてすんだ。

新しく食い込むには、従来の自動車メーカーとは違う斬新なアイディアが効果を生む。既存のメーカーは、その名前が知られ、それぞれのクルマに対するイメージができているが、新規に活動を始めたシトロエンは、その車名が浸透し、購入する価値のあるクルマであることを多くの人たちに知ってもらう必要がある。少量生産の高級車なら、クルマ好きだけをターゲットにすればよいから、レースに出るなり、自動車雑誌で派手に取り上げてもらえばいいが、数多く売るには宣伝が大切である。

シトロエンは、宣伝に莫大な経費をかけ、新聞やポスターなどのほかに、パリにあるエッフェル塔まで利用した。1900年の万国博で建てられたエッフェル塔は、パリの景観を損なうとして嫌う人たちもいたものの、パリの名所として人気があり、ここにシトロエンという文字をネオンで派手に輝かせることでフランス中の話題をさらった。宣伝効果としては圧倒的なものだった。このほかにも、飛行機でシトロエンという文字を浮き出させた飛行機雲をつくるなど、それまでには見られないさまざまな宣伝でシトロエンの知名度を高める努力をした。

さらに、サロモンに新しいモデルの設計をさせて、シトロエン5CVを世に送り

それまでのクルマよりコンパクトにして1922年に登場したシトロエン5CV。低価格にするためにすべてイエローのボディだったことから、シトロエンをもじってシトロン(フランス語でレモンのこと)と呼ばれるようになった。これをまねしたオペルはグリーンにしていたことから「あまがえる」と呼ばれた。

出した。1922年に発売されたシトロエン5CVは、ヨーロッパにおける代表的な大衆車のひとつともいえるモデルとなり、新興メーカーのシトロエンは、確固とした地位を築くことに成功した。

ベルトコンベア生産方式を採用したドイツのオペルは、この5CVをそっくり物まねしたオペル4/12PSを2年後に発売し、これもかなりな数の売り上げを記録した。シトロエンは、ライセンスなしでつくられたことに抗議したものの、オペルはそれを無視して1万6000台以上生産した。この時代では、かなりな台数であった。

■ポピュラーなクルマとなったオースチン・セブン

T型フォードに追随したヨーロッパのクルマのなかで、最も成功したのはイギリスのオースチン・セブンだった。イギリス最初期の自動車メーカーであったウーズレー社で車両設計技師として活動していたオースチンは、独立して自らメーカーを起こしたものの、軌道に乗せるのに苦労していた。

そんななかで第一次大戦中にイギリス陸海軍用の兵器生産に精を出して資金をためたオースチンは、戦争が終わると、ベルトコンベアによる生産方式を導入し、それに合わせて大衆車をつくり起死回生を図った。フォードよりも一まわりコンパクトなサイズにしたオースチン・セブンは、4人がようやく乗れるほど室内は狭かったものの、大衆車として人気となった。

1939年に第二次大戦が始まるまで生産が続けられ、30万台ほどつくられたといわれる。エンジンからボディまで、T型を縮小したようなクルマであったが、ヨーロッパ大陸の国々でもライセンス生産され、この時期のヨーロッパを代表する大衆車のひとつとなった。

オースチン・セブンは戦前の日本にも輸入され、マツダの東洋工業やダイハツの発動機製造などが購入して、これを真似して小型乗用車の開発をするなどしている。戦時色が強くなってきたことで生産を検討することさえできなくなり、いずれも試作だけに終わっている。T型フォードは、クルマの大きさでいえばトヨタのクラウン程度で、アメリカ車としてはそれほど大きいものではなかったが、オースチン・セブンはさらに小さくて日本の現在の軽自動車よりちょっと大きい程度だった。それだけに、日本では手頃な大きさのクルマとして注目される存在だった。

オースチンに続いたのがモーリス社で、このふたつのメーカーがその後イギリスを代表するメーカーとなった。

これらのヨーロッパにおける大衆車は、T型フォードと同じ機構にして、エンジン排気量や車両サイズを小さくしたものである。それまでの価格の安いクルマのエンジンは2気筒止まりであり、オートバイのようにチェーンで駆動するなどしていたが、これらの大衆車の登場により、クルマのあるべき姿の基本がつくられた。

生産台数を多くして大衆車を送り出したメーカーは、単に生産コストを下げることだけでなく、フォードに見られたようなサービス体制を構築するようになり、アメリカ方式の自動車の製造・販売方式が採用された。アメリカより一桁少ない販売台数ではあったものの、自動車の大衆化が進んだ。それにつれて自動車メーカーは企業としての規模を大きくして、自動車産業そのものの地位を高めた。

1927年に生産中止するまでにT型フォードは1500万台もつくられており、ヨーロッパでもっとも多かったオースチン・セブンの50倍という生産台数で

ヨーロッパ大衆車のスタンダードとなったオースチン・セブン。T型フォードと同じ機構にして、サイズダウンしたクルマであった。ヨーロッパの国々でライセンス生産された。

あった。この自動車の生産台数の違いが、ヨーロッパに対して経済的にアメリカが優位に立ったことをよく示している。

　手づくりに近く、一人の卓越した技術者に頼ってクルマづくりをする小規模自動車メーカーは、次第に経営が苦しくなった。高級車も基盤のしっかりした伝統のあるメーカーでつくられるようになっていく。ベルトコンベア方式を採用しないまでも、設備に費用をかけて合理的な生産方式にしなくては成り立たなくなった。それは時代の必然でもあった。

■第一次大戦後のドイツ自動車メーカーの動き

　ガソリンエンジン車の誕生以来、技術的にリードしてきたドイツは、第一次大戦後は激しいインフレに悩まされ、多額の賠償金を課せられて経済的に立ち直るのは簡単ではなかった。それでも、ヨーロッパのなかでアメリカ車の大量生産方式の圧力の影響が比較的少なかったのは、ドイツの関税がヨーロッパのなかでは圧倒的に高くて、保護主義的な政策をとっていたからであった。

　この壁に護られて、オペルをのぞく自動車メーカーの多くは、生産方式の改善などに関心を向けなかった。それもあって、経済的な立ち直りの兆しが見られると、小規模な自動車メーカーがいくつも誕生し、群雄割拠の様相をみせた。サイクルカーのような簡易な自動車をつくるところもあり、自動車の生産台数は少しずつ増えていった。

　しかし、ヨーロッパがアメリカに対して劣勢になっているという意識は、ヨーロッパに共通したものであり、主要国が連携して経済発展を図る方向が打ち出された。ドイツも歩調を合わせることになり、関税の引き下げを図らざるを得なくなった。これにより、アメリカ車などの輸入が促進されることになり、自動車生産の合理化が進まなかったドイツの自動車メーカーは、危機感を強めざるを得なくなった。

将来的に安定した企業として君臨するために、有力メーカーであったダイムラー社とベンツ社が1926年に合併した。1900年にゴットリープ・ダイムラーは世を去っていたものの、カール・ベンツは、このときにはまだ存命だった。会社に対する影響力はなくなっていたものの、合併の式典に招待されたベンツは、顕彰される名誉を得ている。

合併により、ダイムラー・ベンツ社となり、ドイツのトップメーカーとしての地位を保つとともに、自動車技術の牽引力として世界のメーカーをリードし続けることになる。ちなみに、両メーカーの合併時の車両開発リーダーはフェルディナント・ポルシェだった。しかし、1928年には、高級車だけでなく大衆車をつくるべきだというポルシェの提案が経営陣によって否決され、ポルシェは怒りで席を立って退社した。

アメリカ車などが入ってくることで、1928年ころからドイツの自動車産業は大きな試練に遭遇した。小資本の弱小メーカーの倒産が相次いだ。自動車技術の向上よりも経営に重点を置いて発展してきたオペル社は、生き残りのために1929年にアメリカのゼネラルモーターズの傘下になる道を選択した。1933年にDKW、アウディ、ヴァンダラー、ホルヒが合併してアウトウニオンとなった。急速にドイツの自動車メーカーの淘汰が進められたのは、世界恐慌の影響もあった。

■ポルシェとヒトラーの出会い

世界恐慌はドイツに深刻な影響をもたらした。1932年になると失業率が高まり、自動車産業の従業員も大幅に減少した。そんな不安のなかで1933年にドイツの政権奪取に成功したのがナチス党のアドルフ・ヒトラーである。資金を獲得して政治活動をするようになると、自動車好きのヒトラーは、メルセデス車を愛用した。

そのヒトラーによって計画された大衆車が、後のフォルクスワーゲン・ビートルである。T型フォードに次ぐ大衆車となったが、その誕生の仕方は、それまでのどんな自動車メーカーの例とも異なる特殊なかたちであった。その名のとおり、ドイツの国民車として計画されたものである。

ヒトラーは、それまでの政治家とは異なる政策を次々と打ち出した。そのなかのひとつが、一家に一台の自動車を持つようにするという国民車構想だった。国威発揚のひとつであるとともに、国民に豊かさを実感させることで、自らへの支持を広げようとする意図があった。

最初は、自動車メーカーの組織であるドイツ自動車工業会に国民車構想をまとめるように指示した。しかし、さまざまな思惑が交叉して構想としてまとまったものにならなかった。

業を煮やしたヒトラーは、既存の自動車メーカーに頼らないで国民車を開発することにした。

設計者として白羽の矢がたったのはフェルディナント・ポルシェだった。ポルシェ設計事務所を設立して自由に活動しているときだったし、この時代のドイツではポルシェが、もっともこの仕事にふさわしい人物であることに議論の余地がなかった。ポルシェは、レーシングカーと大衆車に最大の関心を持っていたし、金持ちたちの道楽に迎合したクルマづくりをする気持ちを持っていなかった。

さまざまな自動車メーカーでクルマを設計し、独立してからも大衆車の設計を依頼されるなどしていたポルシェにとって、国民車設計の仕事は、まさに望んでいたものだった。

ポルシェとヒトラーの出会いについては、多くの書物で語られている。二人の話し合いがみごとにかみ合ったものになったのは、ヒトラーが人並み以上にクルマに興味を持っていたからだ。

建築家として名をなしていながらヒトラーに協力してナチの幹部になったアルベルト・シュペアは、大戦後に戦犯として獄につながれ解放されてから、回想録を出している。そのなかに、建築に興味があったヒトラーがベルリンの都市計画について、シューペアとアイディアを出し合って楽しそうに話す場面が出てくる。同じように、ポルシェと自動車の未来に関して語ることは、ヒトラーにとって楽しい時間だったに違いない。

ポルシェは、相手が誰であろうと、自分の意に添わない仕事を引き受ける気持ちは持っていなかったし、権力者にへつらうところは微塵もなかったのは確かだろう。二人の話し合いで、ポルシェがヒトラーにつまらない遠慮をしなかったことが、かえってヒトラーを心地よくしたのかもしれない。

ポルシェにとって、万人が乗るためのクルマを設計するのは長年の夢であった。これまでの経験と技術のなかで導きだしたかたちを具現化することを考えた。ポルシェの考えているクルマは、それまでの主流であるフロントエンジン・リアドライブ（FR）とは異なるリアエンジン・リアドライブ（RR）方式だった。こうすると、機械部分を後方に押し込めて室内を広くしながら車両サイズを小さくすることができる。車両が小さくなればコストは下がるし、車両重量も軽くなるから、そのぶん燃費も良くなり経済的になる。機構的には異端の系列に入る方式であった。

このポルシェが設計したクルマが、フォルクスワーゲンと呼ばれるようになるのは、第二次大戦後のことであり、ヒトラーと組んで開発している最中には

フォルクスワーゲンのプロトタイプ車に乗るヒトラー。そのわきに立って説明しているのがポルシェ。ようやく生産に移すことのできるクルマに近づいた1938年のことである。

KdF、つまり「喜びを通じて力を」というドイツ語の頭文字で呼ばれていた。ドイツで開催されるベルリン自動車ショーの開会式に出席したヒトラーは、得意の演説で毎年このクルマについて触れ、国民が等しくクルマを手に入れる時期が近づきつつあることをアピールした。空疎な内容の話ではなく、ヒトラーはドイツ国民が自分にドイツの運命をゆだねることで、豊かさを実感できるというメッセージを具体的に発信したのである。

■ヒトラーによるアウトバーン計画

このクルマの開発計画と同時に進められたのが、アウトバーン（高速道路）建設計画である。ドイツの主要都市を結ぶ高速道路網は、土地の収用など強い権力機構に支えられて推進されなくてはスムーズに行かないことだった。この計画のための特別大臣が任命され、国家的に重要な施策として実現が目指された。国民車計画と並んでアウトバーン計画は、ヒトラーが残したドイツの重要な資産となったものだ。

アウトバーン建設が進められた１９３０年代前半のドイツは、高速道路網の必要性は、それほど高いとはいえなかった。しかし、この計画を強力に推進したのは、失業対策の意味があるとともに、フォルクスワーゲン計画の実行による自動車の普及を見越してのものであった。国民車を生産するヴォルフスブルクの工場建設も、失業対策の意味合いがあり、自動車関連の事業は、ルーズベルトがアメリカで押し進めたニューディール政策のドイツ版、いやヒトラー版ともいえるものであった。

一部には、それだけの資金のかかる計画を鉄道網の整備に向けるべきだという意見もあったが、ヒトラーの強権発動の前には、大きな声にはならなかった。ちなみに、鉄道と自動車道路の建設は二者択一的なところがある様相となり、ヨーロッパやアメリカでは、自動車の普及につれて自動車道路が優位に立っていく。

クルマでの移動が便利になれば、鉄道を利用する人が減少する。この点では、日本は自動車が普及する前に鉄道網がかなり良く整備されていたので、インフラ整備に欧米との違いがあるということができる。

■ヴォルフスブルクの荒野に大工場建設

ヒトラーの音頭取りによる国民車計画は、強力に推進された。自動車の開発および生産計画で、ここまで国家が直接的に関与した例は、世界的にもこれ以外に見当たらないものである。しかも、ポルシェという優れた技術者による開発であった。その過程で、車両価格を低く抑えるためには、フォードの生産方式を採用することが必須であると、ポルシェはアメリカに赴き、フォードの工場を視察している。

これに基づいて、ヒトラーの肝いりでドイツの東寄りの広大な荒涼地に大きな工場が建設されることになった。

戦後にヴォルフスブルクと呼ばれるようになった地域である。工場も敷地も他には見られないほどの大きな規模であった。荒野に忽然として大工場のある工業都市が出現したと、ドイツだけでなく世界で話題となるものだった。ちなみに、日産自動車の創業者である鮎川義介が、満州で一大自動車王国を建設しようと思い立ったのも、この自動車工場建設に刺激されたものであった。

1933年にスタートした国民車計画は、既存の自動車メーカーの新モデル開発に比較すると時間のかかるものであった。すべての部品が新しくつくられること、エン

フォルクスワーゲンのエンジン付きフレーム。リアにエンジンが積まれ、フレームはトレー式というはしご型とモノコック構造の中間タイプ。サスペンションは四輪独立懸架方式で、スプリングも特殊なトーションバーだった。

ジンなどの仕様の決定に手間取ったこと、ポルシェが納得いくまでテストを繰り返し、その過程で仕様の変更や改良が実施されたことなどによる。

ポルシェにとっては、それまで蓄積した技術の集大成であると同時に、あるべきクルマの姿を具現化した決定版にしようという意気込みがあったから、試作されたクルマも、走行テストで不具合が出ると、根本に立ち返って設計をやり直すなど慎重な態度であった。

走行テストは、ヒトラー直属の親衛隊のメンバーが当たった。自動車メーカーで実施されていたテストと比較すると、その走行する距離は桁違いに多いものだった。ポルシェの取り組みは、完璧なものに近づけようと妥協を許さないものであった。

部品の製作や試作車づくりには、ダイムラー・ベンツを初めとしてドイツの自動車メーカーの協力が必要であったが、最初のうちはあまり協力的でなかったことも、最初の試作車完成まで時間がかかった理由の一つであった。

■フォルクスワーゲン・プロトタイプ車の完成

1938年にはようやく完成車のかたちが見えてきた。戦後につくられるフォルクスワーゲンのスタイルに近いものである。エンジンは、いろいろな機構が試みられた末に空冷式の水平対向4気筒1200ccとなった。空冷式にしたのは機構的にシンプルでトラブルが少ないエンジンであること、水平対向にしたのはエンジンの長さが短くなるので、エンジンルームをコンパクトにして、そのぶん室内を広くとることができるからであった。動力装置のための機械部分のスペースをいかにコンパクトにできるかが勝負であった。これは、現在の自動車でも依然として重要な課題である。

ポルシェが精魂を傾けたのは、ただ室内を広くするだけでなく、走行性能も高級車に負けないものにすることだった。それもあって、無難なつくりの大衆車とは違っていた。当時の標準的な自動車の機構と異なる技術やシステムが多く採用されていた。走行性能を左右する足まわりにしても、固定式（リジッド）機構を採用せずに、走行安定性が優れている四輪独立懸架方式という、複雑になり、耐久性など技術的に解決していないところのある高度な機構を採用した。

スタイルでも、空気力学的な配慮から流線型を採り入れるなど、それまでのクルマとは大きく違っていた。全体が一つの固まりとしてボディに丸みを持たせていた。そうすることで鉄板を薄くしても強度が保つことができるものであった。

■戦争による生産の中止

フォルクスワーゲンが完成に近づいた段階で、ドイツ国民がこのクルマを購入するための資金の積み立てが始められた。ＫｄＦという名前のクルマのパンフレットもつくられ、全長が長くないのに家族４人がゆったりと乗れるクルマであることが強調されていた。このクルマを前にすれば、オースチン・セブンなどはおもちゃにしか見えないと、ドイツ国民の期待が高まった。

しかし、このクルマはドイツ国民の手にすぐには渡らなかった。工場が完成し、車両をつくる設備も据え付けられ、ヴォルフスブルクも原野ではなくなり、人々が住み着く住宅もつくられた。乗用車であるフォルクスワーゲンがつくられようとし

オフロード車のキューベルワーゲン。ジープは四輪駆動車にすることで泥濘地などの走破性を高めるのに対し、車両の軽量化や車高を上げることで後輪だけの駆動であった。狙った性能を得るための機構はシンプルなほど良く、キューベルワーゲンはジープに劣らない働きをした。常識や定説にとらわれることなく、技術的な追求で合理的な機構のクルマに仕上げた。

ていたときに、ヒトラーは戦争を始めたのである。

1939年5月にドイツの電撃作戦が実施され、ヨーロッパは第一次大戦終了から20年後に再び戦場となった。国民車の生産計画は破棄され、軍用自動車の生産体制が整えられた。

完成したフォルクスワーゲンを生産に移す準備をしていたポルシェは、ヒトラーの要求する悪路走行自動車や各種の装甲自動車づくりにかかわることになった。この時代にポルシェがつくった代表的なクルマがキューベルワーゲンである。アメリカのジープと同じようにオフロード走行を目的にした車両で、フォルクスワーゲンをベースにしていた。

ドイツの敗戦により、戦争に協力したとしてポルシェはフランスで逮捕され獄につながれた。ポルシェにしてみれば、自動車づくりに自分の持てる技術を発揮しただけであり、間違ったことをしていないという思いがあったであろう。実際にポルシェが逮捕されたことを知った人たちが救済運動をして、短期間で釈放されている。

■戦後によみがえるフォルクスワーゲン

大衆車としてつくられたフォルクスワーゲン・ビートルは、ナチスの将校たちが足がわりに何台かが使われただけで、戦争中はまったく生産されなかった。しかし、第二次大戦後にいくつかの幸運に恵まれて新しい自動車メーカーとして生まれ

空冷の水平対向4気筒1200ccエンジンを搭載したフォルクスワーゲン・ビートル。トラブルが少なく、ランニングコストもかからないことから、ドイツだけでなく世界で受け入れられてベストセラーカーとなった。

変わることができ、フォルクスワーゲン・ビートルは甦ったのだった。

戦争中は乗用車の生産は中止され、新しいモデルがつくられることはないから世界的に技術開発も進まない。およそ10年ほどのブランクがあったといえる。戦後に生産が再開されてつくられたクルマは、ほとんど戦前のモデルから技術的に進歩していなかった。したがって、生産に移されないままのフォルクスワーゲンは、新しい機構の画期的なクルマであるという輝きを失っていなかった。

ヴォルフスブルクにある工場はイギリスによって接収された。戦時中は軍用自動車がつくられていて、設備は空襲などで被害を受けていた。

敗戦国のドイツは、地域によってイギリス、アメリカ、フランス、ソヴィエト連邦（現ロシア）などに占領された。ソ連の支配下になった地域は東ドイツとなり、社会主義国として生きていかざるを得なかった。

ドイツは東西に分断された国家となった。ソヴィエト軍はヴォルフスブルクのすぐ近くまで進駐しており、フォルクスワーゲンの工場施設に対して関心を示していたようだ。このころになると、東西冷戦によるソヴィエト連邦と欧米諸国の対立関係が深刻になっていたから、イギリスはソヴィエトにこの工場が接収される前に行動を起こしたのだった。工場を指揮下に置いたイギリス陸軍は、その支配をハースト大佐に委ねた。

工場のあるヴォルフスブルクが自動車の好きなハースト大佐により管理運営されるようになったことは、フォルクスワーゲンにとって非常に幸運なことであった。

大量生産されるフォルクスワーゲン・ビートル。続々と工場から運ばれ、ドイツ国内だけでなく、海外にも輸出されていった。

ハーストが適切な指示を出して再建に努力したからである。機械類を持ち去るなどして工場を閉鎖しても、ドイツ側が文句を言えない状況だった。

ハースト大佐の采配で、フォルクスワーゲンの生産体制が確立し、ポルシェの開発したクルマが平和になったドイツの工場から市場に出て行った。しかも、この生産が軌道に乗ったところで、ハースト大佐は、オペルの生産技術者だったハインツ・ノルトホフを社長に指名して、イギリスの管理下からドイツ資産として引き渡したのであった。

国民車という車名を持つフォルクスワーゲンは、自動車メーカーとして独立したフォルクスワーゲン社で生産され、販売されるようになった。ポルシェの狙いどおりに、機構的にシンプルなつくりであるから、車両価格は低く設定することができ、しかも性能としては、それまでに出された大衆車とは比較にならないほど優れているうえに、室内の広さも十分であった。

経営を任されたノルトホフは、T型フォードと同じように、このクルマだけの生産という道を選択した。優れたクルマであるから、そう簡単には古めかしいものにならないという自信があったし、車両価格を抑えて販売台数を多くすることが自動車メーカーとして安定するという判断だった。走行テストなども普通の自動車メーカーではできないほど繰り返して実施していたから、クルマとしての完成度は高いものになっていたのである。

当時の西ドイツが敗戦の痛手から立ち直るのが早く、奇跡の経済復興といわれたが、フォルクスワーゲンは、それに大いに貢献したのだった。ノルトホフは、ヨーロッパ諸国はもちろん、世界中の国々に輸出する計画を立て、それを実行している。世界で通用するクルマとして、フォルクスワーゲン・ビートルは世界中で走る姿が見られるようになった。輸出に当たって、最初から補修部品の供給体制を整えて万全のサービス体制にし、それぞれの国の実情にあった宣伝活動などで成功した。

フォルクスワーゲンは世界有数の自動車メーカーとなった。しかも、T型フォードの打ち立てた累計生産1500万台という、とてつもない記録も破り、最終的には2000万台を超えることに成功した。

■戦後ヨーロッパの状況

第二次大戦後のヨーロッパの自動車業界では、少量生産の高級自動車メーカーが姿を消した。高い価格の贅沢なクルマだけでは経営を維持することができなくなった。残された高性能・高級車は骨董品としての価値が高まり、マニアのあいだで珍重されるものになった。ブガッティやイスパノスイザ、ドラージュなどは現在でも世界各地の自動車博物館の目玉として飾られている。

ダイムラー・ベンツなどでつくられる高級車は一品料理ではなく、ある程度の量産が前提となっていた。それだけ自動車産業が成熟したものになったともいえる。

戦後の経済回復で立ち直るにつれて、ヨーロッパでも大衆車市場は活況を呈するようになった。その波に乗って生産台数を増やしたのがフォルクスワーゲンであるが、イギリスやフランスでも、大衆車で成功したメーカーが巨大化した。

フランスでは、フォルクスワーゲンと同じようにリアにエンジンを搭載（RR方式）してコンパクトなサイズでありながら室内を広くした経済車のルノー4CVを発売、フランスにおける戦後の国民車として計画され販売を伸ばしている。このク

リアエンジンのルノー4CV。フォルクスワーゲンのコンセプトを模倣したRR方式だが、ルノーは一般的な直列4気筒エンジンを使用したという違いがあった。

ルマを1952年にライセンス生産したのが日野自動車である。

同じように、大衆車でありながら個性的なクルマとして誕生したのがシトロエン2CVである。直列4気筒エンジンを搭載するルノーよりコンパクトな2気筒でありながら、車両サイズは一まわり大きく室内はゆったりとしたものになっていた。性能追求よりもゆったりと心地良く走るクルマとして人気があった。

フランスでは、ルノーとシトロエンが大衆車中心だった。

シトロエンは保守的なクルマづくりに反発するメーカーとして、他のメーカーが試みないクルマづくりで特徴を出そうとして苦労を重ねた。戦前からモノコック構造の採用とともに、オースチン・ミニよりも早くフロントエンジン・フロントドライブ方式を採用している。これが有名なトラクション・アヴァンである。しかし、コストのかかるクルマづくりのせいもあって、ついに力つきてミシュランタイヤの傘下に入り、後にプジョーグループとなった。

プジョーはどちらかといえば中産階級のためのクルマ中心といわれていたが、量産しなくては生き残れないと、大衆車にも力を入れるようになった。

フランスでは、どのメーカーも大衆車から高級車までつくるようになったが、それぞれに特徴を持ち、フランスらしい人間中心であることを大事にしたクルマづくりであった。なお、ルノーは第二次大戦中に国家を裏切ったとして資産を取り上げられ国有化された。ルノー公団となり、政府から任命された総裁以下の代表が経営の中心になっていた。

戦後すぐのフランスを代表するクルマとなったシトロエン2CV。戦前から培った前輪駆動車の技術を活かし、小排気量ながら広い室内のクルマとして人気があった。設計や試作は大戦前に始められていた。

■革新的なクルマ・オースチン・ミニ

ヨーロッパでは大衆車が主役となったが、戦後に豊かさを増したアメリカは経済性を重視したクルマがもてはやされなくなった。したがって、大衆車の技術革新は日本が参加するようになるまでは、ヨーロッパの自動車メーカーによって展開された。フォルクスワーゲンを超えるクルマにしようとする技術開発が、多くのメーカーによって試みられた。それに成功したのはイギリスのメーカーであった。

１９５９年に登場したオースチン・ミニはエンジンを初めとする機械部分をフロントに押し込めて、室内をそれまででは考えられないほど広くすることに成功したクルマとなった。大人４人が悠々と乗れるクルマに仕上げられており、クルマのスタイルもそれまでのものとは大きく変わっていた。小さく見えるのに、乗ってみると室内は意外なほど広いことで驚かされる。それまでのクルマの持つイメージとは異なるものとして注目された。

革新を可能にしたのは、直列４気筒エンジンを横に置いて、それに組み合わされる変速機をその下に配置するという、それまでにないレイアウトにしたことだ。それまでの大衆車の直列エンジンの場合は、長手方向となる縦に置かれていたから、エンジンルームが前後に長くなり、そのぶん室内は狭くならざるを得なかったのだ。

ミニを設計したギリシャ系イギリス人のアレック・イシゴニスは、エンジンなどの機械部分のスペースを最小限に抑えることで、クルマのサイズを小さくすることがヨーロッパでは大切であるという信念を持っていた。自動車の設計者にとっては、これを実現することが使命であると考え、その実現に取り組んだ結果、エンジンを横に置き、後輪でなく前輪を駆動することで、動力装置のすべてをフロントの狭いスペースに押し込むクルマにしたのだった。

フォルクスワーゲンではエンジンをリアに置くのでリアが重くなる。時代が進むにつれてエンジン出力が上がり、それで高速走行すると不自然な挙動を示すことがあった。フォルクスワーゲンは空冷エンジンで、それほどパワフルでなかったから、あまり問題は出なかったものの、このリアにエンジンのある方式は、パッケージ的にも自動車の進化を考えると時代遅れになる機構であることが明らかになってきたのである。

それを見抜いたイシゴニスが、一般的である直列4気筒エンジンを横置きにした前輪駆動方式のクルマをつくったのである。

成功するクルマは、単に経済性に優れているとか、コストを安くできただけでなく、クルマに本来要求される走行性能をスポイルしないことが重要な条件である。それを実現させることと動力装置の全体をコンパクトにおさめることとの両立を図るための苦闘の成果だった。

ミニが発売された直後にイギリスのオースチンに視察に行った日産の車両開発技術者である原禎一は、ミニを見て、そのアイディアと技術に感銘を受けた。そして、クルマづくりは市場の動向を見て考えるのではなく、将来を見据えた技術者の能力が問われているのだという思いを深くしたという。原は、1960年代の日産でブ

その後の前輪駆動車主流となるもとをつくったオースチン・ミニ。直列4気筒エンジンを横置きにすることでスペース効率で革新をもたらした。走行性能を良くするため、左右のドライブシャフトの長さを等しくするために工夫が凝らされた。FF方式にするにはユニバーサルジョイントを採用することが重要であるが、このクルマが登場するころに、ようやく優れたものが実用化された。

ルーバードなどを設計した、もっとも実績のある技術者である。

ミニは、大衆車でありながら、クラスレスのイメージのあるクルマとしてもてはやされた。従来、エンジン排気量や車両サイズ、装備や性能などで車両の価格が決められており、所得水準に見合ったクルマをユーザーが選択するから、乗っているクルマでその人の所得が推察できるものになっていた。そんななかで、合理的で走行性能も優れたミニに乗ることは、インテリジェンスのある人であると思われるから、車両価格が安くても引け目を感じないで乗ることのできるクルマであった。

イギリスの自動車メーカーは、評判がいいからといって、いたずらに大量生産する道を選択しなかった。オースチン・セブンでアメリカの生産方式を導入したとはいえ、その生産規模はフォードに比較すれば遥かに小さかったように、アメリカの大量生産・大量販売をそのまま見習う意志は持っていなかった。莫大な利益を追求するという企業姿勢ではなかったのだ。それでも、ミニは長くつくり続けられ、１９８０年代までの累計生産台数は５００万台を超える記録を達成している。

なお、戦後のイギリスは、自動車メーカーはそれほど元気があったわけではなく、１９５２年にオースチンとモーリスが合併してＢＭＣ（ブリティッシュ・モーター・カンパニー）となっており、オースチンとモーリスの合併は、ドイツでのダイムラーとベンツの合併と同じように、イギリス大メーカー同士のものであった。しかし、実際には合併により強力になっておらず、イギリスの自動車産業が、衰退する兆候を示すものであった。

イギリスでは、ベントレー、ロールスロイス、ジャガーといった高級車、さらにはアストンマーチンやＭＧといったスポーツカーが存在感を示したが、少量生産であり、社会の変化に対応して新しくしていくことができずに苦しい経営を強いられた。主流のメーカーも合併して生き残りをかけたものの、自動車産業全体が衰退していった。イギリスで健闘を続けたのは、ゼネラルモーターズやフォードの傘下の自動車メーカーであった。

■小さいサイズで広い室内のクルマが主流に

クルマの室内スペースを広くできるもうひとつの要因として、フレームのないクルマづくりが1930年代から進行した。それまでのクルマは、エンジンをはじめ、足まわり部品や舵取り装置などの取り付け、さらにボディを組み付けるために、クルマの骨組みともいえるフレームがあるものだった。この上にボディを組み付けることになるから、高級車などでは、ユーザーの要求で特別なスタイルにすることも可能だった。そのために、アメリカでもヨーロッパでも、特注ボディをつくるメーカーが注文に応じていた。

このフレームをなくして、ボディや各種のメンバーだけでクルマを成立させたのがモノコック構造といわれるクルマである。たとえてみれば、柱が重さを支える建物から外壁が支える2×4方式になったようなものである。クルマにかかる力をクルマのボディで受け持つことで、フレーム(骨組み)をなくすという発想である。軽量化が達成でき、室内空間を広くすることが可能になる。路面の凹凸やコーナリングの際にクルマにかかる力が、ボディの一部に集中しないように造形しなくてはならないから、技術力がなくては成立しない。

アメリカで育てられたこの方式をいち早く導入したのがシトロエンのトラクショ

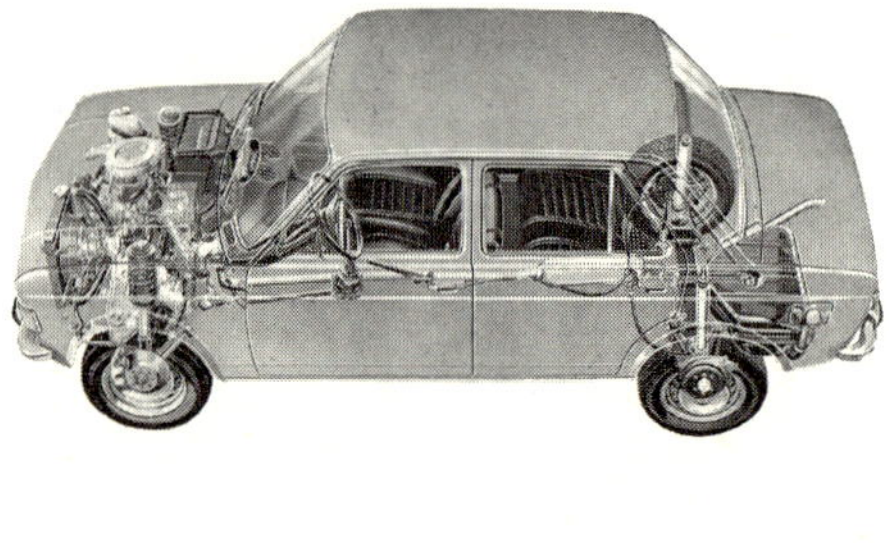

オースチン・ミニのFF方式をさらに一歩進めたのが、フィアット128だった。直列4気筒エンジンと変速機を同列に横置きに配置した。この方式は設計者の名を取ってジアコーザ式といわれ、多くのFF車に採用されていく。

ン・アヴァンだった。経済性を重視するヨーロッパで普及し、大衆車だけでなく高級車でも採用されるようになった。これにより、鋼板ボディが多くなり、そのためのプレス機が高価になることから、大量生産しなくては採算がとれなくなった。したがって、この方式の普及は、あるレベルで量産することが、自動車メーカーが生き残るための条件となった。販売台数をいかに増やしていくかが最優先の課題のひとつになったのである。

戦後ヨーロッパのクルマづくりは、合理性が重視されて軽量コンパクトの方向に進んだのが特徴であった。これから見るように、アメリカとはまったく異なる方向であった。高級車も技術指向が強く、走行性能や高速巡航がどのくらいのレベルに達しているかでクルマのクラスが分けられた。アメリカのように車両サイズやエンジン排気量の大きさという単純なクラス分けとは違っていた。

第四章　優雅に巨大化するアメリカ車

■アメリカの時代が到来

１９１０年代からアメリカのクルマがヨーロッパに輸出されるようになり、ゼネラルモーターズやフォードがイギリスやドイツに子会社をつくるなど、ヨーロッパとの交流がなかったわけではない。しかし、アメリカの自動車メーカーはヨーロッパとは異なる方向に進む傾向が顕著になっていった。とくにそれが目立つようになるのは１９３０年以降のことである。

フォードから主役の地位を奪ったゼネラルモーターズは、１９３０年から６０年代までのアメリカ企業のなかでも飛び抜けた存在となり、我が世の春を謳歌した。１９５３年にゼネラルモーターズの社長だったチャールズ・ウイルソンは国防長官に就任する際に上院軍事委員会の証言で「アメリカにとって良いことはゼネラルモーターズにとっても良いことであった」と発言したことはよく知られている。この後、１９６１年にフォード社長だったロバート・マクナマラが国務長官に就任しており、自動車メーカーの経営者は国家にとっても有用な人物であった。

全長が3メートルをわずかに超えるオースチン・ミニに対して、アメリカの大衆車であったシボレーは全長が5メートルを越えており、エンジン排気量も4倍以上の大きさだった。石油を輸入に頼るヨーロッパでは燃料代を無視することはできなかったが、アメリカでは石油の価格が安かったから、燃料を節約することなど考慮しなくてよかったのだ。

ゼネラルモーターズが全米を代表する企業として君臨していたこの時代は、エネルギーの無駄遣いを批判する人は、ほんの一握りでしかなかった。今から見れば、実に能天気な時代であったが、多くの人たちがこの状態がいつまでも続くと信じて行動していたのだった。

アメリカのクルマが、サイズやエンジン排気量を大きくしたきっかけは、フォードとゼネラルモーターズの激しいシェア争いが原因で、広大な国土と豊富な石油を産出することに支えられてのことだった。

■フォードによる巻き返し

シボレーにトップの座を奪われたフォードは、巻き返しを図った。エンジンでシボレーを凌駕するために、フォードは一気に直列4気筒をふたつ組み合わせたV型8気筒を搭載することで優位性を発揮する計画だった。大衆車であるフォードやシボレーは直列4気筒エンジンで十分のはずだったが、フォードがV型8気筒エンジンをT型の後継車であるA型に搭載したのは1932年のことだった。直列4気筒よりも経費がかかるものの、コストを抑えて開発する手段を見つけたからでもあった。

鋳物をつくるのを得意としていたフォードでは、V型8気筒エンジンを一体の鋳物でつくることでコストダウンを図ったのだ。複雑な形となるV型8気筒のシリンダーブロックを一体構造でつくるのは至難のわざといわれていた。それをヘンリー・フォードの指導により達成したのだ。さらに、大物部品であるクランクシャフトも、強度と剛性が要求されるために鍛造でつくるのが当たり前だったが、これを鋳物でつくることに成功した。鋳鉄に球状黒鉛を混ぜることで、強度を確保しながら安いコストでつくることに成功した。

フォードは、他のメーカーではできない手段を用いて、コストを安くしてV型8気筒エンジンを大衆車に搭載したのである。ゼネラルモーターズに負けていられないという、フォード自身の執念でもあった。

話はそれるが、フォードが鋳物技術を駆使してV型8気筒エンジンを完成したことを知ったのが、自動車に参入する準備を始めたトヨタの豊田喜一郎だった。織機メーカーであったことから鋳物についての経験と知識をもっており、フォードの一体型の鋳物ブロック、さらには鋳物クランクシャフトの製造など、日本では思いもよらない技術をものにしていることに深く感銘していた。フォードのように進んだ製造技術を身につけることが、将来的に重要であるという思いを強くしていたのだった。このころの日本では、直列4気筒エンジンでも、満足に一体構造の鋳物でつくることができない状態だったのだ。

1934年にフォードA型はシボレーを上まわる販売台数となった。しかし、かつてのT型フォードほど圧倒的な差をつけることはできなかった。

ゼネラルモーターズのほうも手を打っていた。直列6気筒エンジンをシボレーに搭載する準備を進めていたのだ。エンジンの機構もそれまでの旧タイプのサイドバルブ方式よりも進んだ機構のオーバーヘッドバルブ方式にしていた。

フォードA型に搭載されたV型8気筒エンジンとフォード父子。左が社長となっていたエドセル。このエンジンのクランクシャフトも鋳物製だった。大衆車であるフォードに複雑な配列のエンジンを搭載することで、アメリカ車がサイズを大きくするきっかけがつくられた。

アメリカ車のなかで低価格帯に属するこれらのクルマのエンジンが大きくなることによって、それらより上のクラスのクルマも、エンジンはV型8気筒にするのが当然となり、上級クラスは排気量を大きくしていった。大きくて重いエンジンを搭載すれば、車両もそれに見合って大きくなっていくことになる。

■ゼネラルモーターズによる所得対応のクルマづくり

ゼネラルモーターズのアルフレッド・スローン社長は、トップメーカーの地位を確かなものにするために、次々に手を打っていった。

そのひとつが、ゼネラルモーターズの持つ車両のランク付けであった。自動車メーカーの連合体から出発していたから、高級車から大衆車までさまざまな種類のクルマを事業所ごとに製造販売していた。それぞれの事業所で独自に開発して価格を決めるのではなく、経営首脳陣のコントロールのもとに車両サイズや装備などで差別化を図り、明確にランク付けをする方針を打ち出したのだ。具体的には、最上級に位置するキャデラックは３５００ドルを上限として、その下のクルマは２５００ドル、さらに１７００ドル、１２００ドル、９００ドル、そして底辺に位置するシボレーは７００ドルを上限にするという設定だった。

大衆車であるシボレーの販売が伸びることは良いことだったが、利益幅の大きい上級車の販売を確かなものにすることが重要だった。

所得格差が大きいアメリカでは、生活の仕方も収入に見合って異なったものになっていた。それに合わせた価格帯のクルマを用意することで、あらゆる階層の人たちをゼネラルモーターズで取り込もうとする野心的な発想であった。豊かさを実感するのも、アメリカでは階層による違いがあったから、よりランクの高いクルマに買い換えることが豊かさの階段を上ったことを確かなものにするわけだ。

フォードは、ゼネラルモーターズのようにさまざまな車種をもっていなかった。そのため、大衆車でシボレーといい勝負をすることは、ゼネラルモーターズとの企業格差が大きくなることを意味した。

フォードは、1920年に不況で経営難に陥った高級車メーカーであるリンカーンを救済の意味もあって買い取ったものの、豊富な車種構成のゼネラルモーターズに対抗することはできなかった。ゼネラルモーターズが打ち出したランク付けによる車種構成にするのは、それまでのフォードの手法とは違っているから簡単にできることではなかった。

フォード社が大衆車のフォードと高級車のリンカーンのあいだに位置するマーキュリーを誕生させたのは1938年のことだった。これはゼネラルモーターズの手法に追随することであった。このころには、新興勢力であるクライスラーに追い上げられた。

クライスラーは、まず中級クラスのクルマから始めて、フォードやシボレーと競合する大衆車のプリマスを登場させ、さらにダッジ兄弟社を買収して1920年代後半から急速に勢力を伸ばしてきた。新興メーカーであることから、スタイルや販売政策で積極的な姿勢を見せて存在感をアピールした。そして、1930年代の後半にはフォードを上まわる販売実績を残すまでに成長した。

■技術進化よりデザイン重視

ゼネラルモーターズ社長のスローンが打ち出したもうひとつの政策は、デザインの重視だった。スタイルが良いことが販売にとってきわめて重要な要素であると手を打ったのである。

アメリカでは、ヨーロッパより一足先に木骨ボディから全鋼製ボディに進んでいた。車体の外板はいくつかに分けられてプレスでかたちをつくり、それらを組み合わせて完成させる。量産するには効率の良いやり方だが、新しいボディにするにはプレスの金型などを新しくつくるなど高額の投資が必要であり、量産しなくては採算に乗らなかった。

かつてはエンジンを搭載したフレームのまま自動車工場から出荷して、ボディ専門の架装メーカーがユーザーの注文に応じて好みのスタイルにすることが多かったが、全鋼製ボディになるとメーカーの工場から出荷されるときに完成車となっているのが普通になった。こうなると、完成車のスタイルの善し悪しが販売に与える影響が大きくなる。

スローンは、ゼネラルモーターズの造形部門の充実を図るために、キャデラック事業部のデザイン顧問をしていたハリー・アールを抜擢してゼネラルモーターズの中央組織のなかにアート&カラー・セクションをつくり、そのチーフにすえた。もともとは馬車のカスタムボディ製作所の息子で、自動車のカスタムボディ製作に才能を発揮したアールは、ハリウッドの俳優たちからの注文に応じてカスタムカーのデザインをしていた。花形俳優たちのなかには、高級車を購入して、自分だけの特別車をつくるのに情熱を燃やす人たちがいたのだ。彼らの要望を満たすデザイナーとしてアールは引っ張りだこであった。

キャデラックのほかに、アメリカではパッカード、デューセンバーク、ピアスアローなど、さらにはヨーロッパからのブガッティ、イスパノスイザ、ロールスロイスなどのＶＩＰ用のクルマがもてはやされていた。しかし、次第に自動車メーカー主導のデザインで高級車をつくる時代になってきたのである。

ハリー・アールによりデザインされたキャデラック・ラサール。高級車としてのイメージを強調、これがゼネラルモーターズのデザインチーフとしての最初の仕事だった。

アールは、独自のデザイン手法をゼネラルモーターズに持ち込み、これが新しいデザインシステムとして組織化された。アールのもとに多くのデザイナーが雇用され、ユーザーに受けるスタイルのあり方を追求するようになった。

スタイルが決められるまでの行程がマニュアル化され、デザイナーだけでなく、粘土モデルをつくるモデラーや製図工など、それぞれに専門の仕事をする人などが加わって、デザイン部門は所帯を大きくしていった。スタイルが良いことが売れ行きを大きく左右するから、充実した組織になるのにあまり時間が掛からなかった。のちにハリー・アールは、ゼネラルモーターズの副社長に就任し、クルマのスタイルはメーカーの帰趨をも決める重要なセクションと位置づけられた。

1930年代になると、鉄道車両などで流線型が登場してくる。クルマでも、ヨーロッパでは早くから流線型ボディの試みがあったが、一品料理的なクルマとしてつくられただけであった。アメリカでも従来の殻を破るスタイルとして注目されるようになり、量産カーで流線型を取り入れるようになり、スタイルが大きく変化していく。

■世界恐慌と自動車メーカー

スタイルを新しくするには、ボディのプレス用金型など設備にお金をかけなくてはならない。頻繁にモデルチェンジする体力のあるメーカーが有利で、弱小メーカーはそのサイクルについていくことができなくなる。ゼネラルモーターズがア

流線型を最初に採り入れたクライスラー・エアフロー。このスタイルの斬新さに注目したのが豊田喜一郎で、トヨタの最初の乗用車は、この影響を色濃く示すものであった。実際に、エアフローは注目を集めたものの、販売では成功といえなかった。あまりにも進みすぎた印象を与えると、ユーザーは様子を見てからにしようと敬遠するようだ。

メリカの自動車産業を牛耳ることによって、クルマの方向性が決められ淘汰が進んでいく。

スタイルを良くするためなら、車両サイズが大きくなったり、重くなったりすることに躊躇はなかった。ヨーロッパの大衆車は、車両サイズの割に広い室内にすることが設計の重要なファクターであったが、アメリカでは室内を広くするには車両サイズを大きくすれば済むという考えが主流になった。

経済不況の際にも、デザイン重視が有利に作用した。というのは、販売減に対応してコスト削減のためにシボレーとポンティアック、オールズモビルとビュイックのあいだで部品の共用化を進めたが、クルマとしての違いをデザインで出すことで、差別化を図ることができたからである。もともと別個の自動車メーカーであったから販売店などの系列も異なっており、部品の調達も別個に実施されていたのだ。ゼネラルモーターズは、経済恐慌で多くの自動車メーカーが苦しむなかで、その地位を不動のものにしたのである。

世界恐慌はアメリカの自動車メーカーの寡占化をさらに進めた。なんとか生産を続けていたところも、突然の需要の減退によって経営を維持することが困難になり、弱小メーカーが淘汰された。

■イージードライブによる大衆化

アルフレッド・スローンによって打ち出されたゼネラルモーターズの経営方針は、引退してから1963年に出版された「ゼネラルモーターズとともに」という著作で詳しく述べられている。日本でも1960年代後半になって翻訳されて話題となった。日本の自動車メーカーは、その戦略を学び、いくつかは実行に移されている。

スローンがクルマの開発で重視したのは、イージードライブであった。クルマが普及するにつれて、女性が運転する機会が増えることを考慮したからである。クルマのサイズが大きくなるとハンドルは重くなるし、ブレーキをかけるにもペダルの踏力を強めなくてはならない。それでは女性が安心して運転することはできない。そこで、ハンドルは軽くまわせるようにパワーステアリング装置が導入され、ブレーキも倍力装置を機構に組み入れることで踏力に頼らずにブレーキが効くシステムにしている。また、シフトするときにクラッチペダルを不要にするオートマティックトランスミッションの導入も、ゼネラルモータースでは1930年代から始まっている。

アメリカでライバル車に勝つために、エンジン技術の進化はそれほど必要でなかった。パワーが足りなくなれば、エンジン排気量を大きくすれば良かったからだ。そうなると燃費が悪くなるが、ガソリンは安いから気にする必要がなかった。いくら大きくなっても、運転が楽になれば良いわけで、ヨーロッパのように合理的な機構にするための技術的な努力は、アメリカの自動車メーカーにとっては、遠い世界の出来事で、技術を使う方向に大きな違いがあったのである。

■全米自動車労組と自動車メーカーの対決

1930年代になると、さすがのフォードも、従業員の給与が自動車メーカーのトップである時代は過去のことになっていた。T型フォードが他のメーカーを圧倒している時代には、フォードの工場で働く人たちの給料が高く、フォードの求人に大群衆が押し寄せて放水で解散させなくてはならないほどであった。しかし、今やゼネラルモーターズなどよりもフォードの給料は安くなっていた。

年を取ったヘンリー・フォードは頑なになり、それがフォードの経営に影を落とすようになっていた。かつてフォードを支えていた幹部社員の多くはフォードから去って行き、代わって側近になったのはボクサー上がりの警備員から伸し上がった人物であるハリー・ベネットだった。最初に飛行機で大西洋を横断してヒーローとなったリンドバーグの息子の誘拐殺人事件をきっかけに、フォードも孫の警備のために雇い入れたのがベネットだった。そのベネットは、いつの間にか彼を通さなくてはヘンリー・フォードに会うことさえできないようになった。

社長になっているヘンリーの長男であるエドセルさえも遠ざけられていたという。会長となっていたヘンリーが実権を手放さなかったからである。ゼネラルモーターズの場合は、株主への配当を確保することが重視されたのに対して、その株の大部分を所有し、公開していないフォードは、利益額が減っても大して痛痒を感じなかったようだ。

1930年代になると自動車関連産業で働く人たちが大幅に増加して、労働組合による組織化が進んだ。産業別に統一組織がつくられており、自動車関連の組合が力をつけるきっかけは、1929年に始まる経済恐慌による自動車の減産だった。レイオフによる失業者が大量発生、労働争議に発展した。政府はそれぞれの企業に対して、労働者を不当に扱わないよう指導をした。

フォードでも、販売台数が景気などによる変動が大きいことから臨時雇いを多くして、いつでも生産調整できるようにしていた。首切りがあるたびに、労働団体がフォードの工場にデモ隊を組織した。フォードは労働組合ができることを嫌い、ベネットによるスパイ組織をつくりあげ、彼の重要性が増していった。

1937年に自動車産業の統一組織である全米自動車労組(UAW)が認可されて、自動車メーカーのなかに組合をつくる運動が本格化した。ストライキなどの末に、ゼネラルモーターズとクライスラーは、UAWに従業員が加入することを認めた。これも時代の流れであった。しかし、フォードは頑強に抵抗した。もともとフォードは家族意識の強い会社であり、組合とはなじまないという意識をフォード自身が持っていた。ビッグスリーのうちで唯一加盟を認めないフォードに対して、UAWの攻勢が強められた。

1937年7月の「架線橋の戦い」はアメリカの労働史上有名な出来事である。フォードのリバー・ルージュ工場前でUAWの役員によるビラ配りの際にベネットに雇われた連中が殴り込みをかけ、工場に入るためにあった架線橋の上で乱闘が起きた。このときはベネットが差し向けた連中がUAWの役員たちを撃退したのだ。しかし、これによりフォードは政府やマスコミから指弾されることになった。それでも、フォードは抵抗を示し、暴力事件は偶発的に起こったことであるという主張をした。

その後は、密かに組織化が進められ、次第にUAWに加盟する従業員がフォードのなかでも増えていった。これ以上組合と対立するのは、フォードの将来に良くないとヘンリー・フォードを説得したのは息子のエドセルだった。加盟に当たってはUAWによるストライキで工場の生産ラインはストップし、争議は激しいものだった。従業員の解雇通告がきっかけでストライキが組織されたのである。すでに太平洋戦争が始まっており、フォードも軍需製品をつくるようになっていた1942年に、UAW加入を認めざるを得なくなった。

アメリカのビッグスリーがUAWに加盟したことで、この組織はアメリカを代表する組合として大きな勢力を持つようになった。その後、好景気で利益を得たビッグスリーから有利な労働条件を獲得していくことになる。

同じ自動車メーカーであっても、アメリカでは経営者は株主のほうを向いており、従業員の雇用は契約に過ぎなかった。組織のなかの人間であっても従業員とは契約に基づく関係で、利益が出ても株主配当や経営者の報酬を優先した。従業員が有利な条件を獲得するには、労働組合を通じて戦いとるか、組織のなかでの地位を上げるしかなかった。組合によるストライキが長期化することは、株主が嫌うことであった。それが組合のつけ目であり、景気の良いときに年金などの好条件を勝ち取っていた。日本のように、従業員も身内の人間として利益を還元する組織とは違って、組合を通じて戦い取るものであった。

■自動車メーカーによる戦時体制の構築

太平洋戦争が始まる2年前の1939年にニューヨーク万国博覧会が開催された。この博覧会はアメリカの明るい未来を謳歌する内容に彩られていた。ゼネラルモーターズのブースは、それを代表する展示になっていた。自動車を中心にした豊かで便利な生活、都市間は高速道路で結ばれ、自動車はますます便利で豪華な乗りものになることをアピールした。模型でリアルにつくられたジオラマは、ゼネラルモーターズが明るい未来を開く企業であることを強調し、科学技術の進歩による豊かさを演出したのである。

この「明るく豊かな未来」は、ドイツや日本など戦時体制を強める枢軸国に対する牽制の意味もあった。それだけ、戦争の足音が近づきつつあるなかでの万国博覧会であった。自動車メーカーは、ルーズベルト大統領の打ち出したニューディール政策を支持し、不況脱出に協力する姿勢を示すとともに、率先して戦争の準備に入ったのである。

1940年になると、ゼネラルモーターズの社長だったウイリアム・クヌードセンが連邦政府のなかに設置された軍需生産国防委員会委員長に就任した。フォードの営業部門で活躍したクヌードセンは、1922年からゼネラルモーターズに転じてシボレーの販売促

ニューヨーク万国博覧会におけるゼネラルモーターズのジオラマ。精巧につくられた未来都市とクルマ。アメリカの自由主義イデオロギーを強調するのがこのときの万国博のコンセプトで、ゼネラルモーターズのブースは、その呼びものとなった。

進に貢献し、1937年からスローンの後任の社長に就任していた。

国防委員会は、ナチスの膨張政策が明らかになったことで、戦争が避けられないと判断し、戦争準備をどのように図るか民間企業を巻き込んで体制をつくるための組織であった。クヌードセンは、軍需製品をつくる体制を構築するための指揮をとった。自動車メーカーも、それに対応して戦車や輸送自動車、さらには飛行機の機体やエンジンなどをつくる計画に参加した。

1941年になると、自動車メーカーは新しいモデルの開発を中止し、兵器生産を中心にすることになった。このときまでに準備が進んでいた1943年型モデルが最終となり、戦後まで新車は登場しなくなる。自動車用としては、補修部品などの生産がわずかに続けられるだけになった。

兵器の生産のための設備に切り替えられた。どの自動車メーカーも、製品の生産技術体制が確立されていたから、どのように工場内をつくり変えるかのノウハウをもっていた。このため、無駄な時間と費用をかけずに戦時体制に移行することができた。ヨーロッパの自動車メーカーでも同様であった。自動車メーカーが工業力では群を抜く存在になっていた欧米と、準備があまり整っていない日本とは大きな差があった。

アメリカでは、自動車メーカーが束になって兵器産業の能力の限界をカバーし、役割分担を明確にして戦争に全面的に協力して、兵器の生産はスムーズに進んだのだった。

パッカードはイギリスのロールスロイスで開発した航空用エンジンを生産した。戦闘機に搭載されたマリーンエンジンの出来は本家のイギリス製よりも性能が良いと評価された。写真はアルミピストンの製作風景。戦争により女性の職場進出が盛んになった。

日本は真珠湾攻撃のために準備し、戦争が始まる頃には兵器生産が順調であったが、その後の生産は原材料の不足もあって大して伸びないのに対して、じっくりと準備し軌道に乗せたアメリカは、時間が経つにつれて生産は増強し、航空機や戦車などの性能も向上させることができたのだった。これらの生産は、国家予算によるものだったから、どのメーカーも利益が保証された。

ガソリンも航空機用に優先してまわされたので不足気味になったものの、もっとも深刻だったのはタイヤ不足だった。ゴムの原料は東南アジアの国々から取り寄せていたが、日本の支配下になったためにゴムの輸入がストップしたからである。そのために、合成ゴムの開発が急速に進んだ。石油からつくる化学製品としてのタイヤの開発に成功し、戦後は天然ゴムに代わって合成ゴムがタイヤの主原料になった。

1945年5月にドイツが無条件降伏をすると、ゼネラルモーターズは自動車生産の準備を始めている。そして、日本が降伏する8月には戦後の生産再開の準備が整っていた。戦争が終われば、すぐに大量の新車需要が発生することが予測されたからであった。

フォードでは、1943年に社長だったエドセル・フォードが胃がんで他界していた。フォードの進む方向が、彼の思惑とは大きくずれていったことによるストレスが原因であるという見方もされた。これでヘンリー・フォードが社長に返り咲いたが、このときに副社長に就任したのが孫のフォード二世だった。そして、戦争の終わった直後の9月に社長に就任、彼がまず手を付けたのはベネットの排除だった。年を取ったフォードの長いワンマン体制が終わり、フォード社も新しい体制で再建が図られることになった。あろうことか、フォードはクライスラーにも販売台数で負けるようになっており、経営刷新を図らなくてはならなくなっていたのだ。その後は、フォード二世が新しい方向を示すことで、フォードも戦後の出発の準備ができたのだった。

■戦後のビッグスリーを中心とした動き

　1945年8月に日本の降伏によって戦争が終わって、乗用車の生産が再開された。ゼネラルモーターズは自動車生産に向けた設備を周到に進めて、いち早く市場に大量のクルマを送り出した。ただし、最初のうちは、戦前のモデルをわずかにアレンジした程度のものであった。それでも、戦後の数年は需要に対して供給が追いつかない状況が続いた。

　ゼネラルモーターズは1930年代までに確立した自動車の開発体制や販売体制での活動を引き続き実行することで、他の自動車メーカーをリードすることができた。クルマのデザイン部門にしても、クルマの明確なランク付けにしても、他のメーカーは、ゼネラルモーターズのような体制を確かなものにする前に戦争に突入したから、戦後になってから新しく取り組まなくてはならなかった。

　どのメーカーでもつくった分がすぐに売れる状況が続き、世界恐慌と戦争に耐え抜いたスチュードベーカーやパッカードなどの伝統あるメーカーも息を吹き返した感じだった。軍用ジープで生産を伸ばしたウィリスも、民間向けのジープを生産して売り上げを伸ばした。さらに、カイザー・フレーザーのように戦前のメーカーを買収した新興メーカーも登場している。さらに、ナッシュやハドソンもゼネラルモーターズのつくるクルマとの違いを出すことで販売を伸ばした。

　1950年代に入り、アメリカがそれまでに見られなかった豊かな時代に突入すると、自動車メーカーの規模の違いが拡大し、ゼネラルモーターズを中心にしたニューモデル攻勢、販売や宣伝攻勢などの前にビッグスリー以外のメーカーは存在感を示すことがむずかしくなっていく。ナッシュとハドソンは合併してアメリカンモーターとなり、ビッグスリーに次ぐメーカーとなるものの、弱者連合であり、ビッグスリーの隙間を埋めるクルマで生き延びるしかなかった。

スチュードベーカーは、戦後すぐに工業デザイナーとして著名なレイモンド・ローウィの斬新なデザインのクルマを送り出し売り上げを伸ばすことができたが、1950年代に入って、次々にニューモデルを登場させることで、それ以前のモデルが陳腐に見えるような作戦をとるゼネラルモーターズに対抗できなくなった。企業の体力勝負の様相を呈してきたからである。

本格的なクルマ社会の到来

1950年代に入ったアメリカは、ヨーロッパが戦勝国も敗戦国も戦争による疲弊から立ち直るのに苦労しているのを尻目に、本格的な消費社会となった。戦争中に我慢していた豊かさを追い求めることに貪欲になることができたのである。安定した収入のある人たちが増えていくことで、彼らが住み良いと思う社会に変貌していく。郊外の一戸建て住宅が増え、各地にスーパーマーケットやショッピングモールがつくられた。住宅には複数の自動車が止められるガレージがあり、スーパーマーケットには広大な駐車場が用意されて、自動車を使用するのが前提の街があちこちに誕生した。現在のアメリカの生活様式の基礎は、このころにつくられたものだ。

1950年代には、全米を網羅する高速道路網が建設された。ガソリン税を財源としたものだが、連邦政府の強力な事業であり、莫大な予算が投入された。単に長距離輸送のためというだけでなく、ソヴィエト連邦との冷戦構造が明確になり、僻地につくられた軍事基地とも結ばれ、核戦争が起こった際に避難することまで想定した事業であった。多額の軍事予算も計上されて核兵器などの開発も進められたが、そのために市民生活が犠牲になるという心配がないほどアメリカは豊かだった。

高速道路網の整備とうらはらに鉄道は採算が取れないところが廃線になり、逆に総延長は半減して、長距離の移動も自動車に頼る率が高くなった。ハイウェイ沿いにはホテルやレストラン、モーテルやガソリンスタンドが立ち並ぶようになり、現在でも見慣れた風景がつくられた。一度も高速道路を降りないで東海岸から西海岸まで移動することが可能になった。

高速道路だけでなく、各地に自動車のための道路がつくられて郊外に生活拠点をつくることがますます容易になった。自動車はアメリカ社会に欠かせないものになることで、自動車メーカーは戦前以上の繁栄を謳歌することが可能になった。広大な土地につくられる道路は広々としたもので、片側5車線の道路では自動車のサイズが大きくなることによる不便は感じられなかった。

■テールフィンをもつ自動車の登場

戦前にデザインされた乗用車が市場に出ていたのは1946、47年ころまでで、その後は新しくデザインしたクルマが登場する。それにつれて、クルマのスタイルにも大きな変化が見られるようになった。

最初の変化は、前後のボディサイドにあったフェンダーの膨らみがなくなり、ボディサイドのフラッシュ化だった。すっきりとしたスタイルになり、新しい時代を感じさせた。1949年モデルとして登場したフォードは、ビッグスリーのなかでは最初であったために話題となった。

フォードは、この後にゼネラルモーターズと同じようにデザイン部門の充実を図

1949年型フォード。ボディサイドがフラッシュ化されて話題を呼んだ。戦後のスタイルの流れをつくったクルマのひとつだった。

る。フリーランスのデザイナーだったジョージ・ウォーカーがフォードのデザイン部門を統括するようになり、デザイナーやさまざまなスタッフを加えてデザイン部門の所帯を大きくする。クライスラーも同様であった。

フォードのフラッシュサイドのクルマが評判になったことで、フェンダーの膨らんだクルマは古めかしく見えるようになった。このスタイルはすっきり見えるが、凹凸がなくなったぶんだけ単純に見えるものになりかねない。スタイルによる差別化をどう進めるかが、自動車メーカーにとって重要になった。

1949年のキャデラックは、それまでにない試みを持ったスタイルになって登場した。フロントのフェンダーの膨らみはなくなって、リアのフェンダーは膨らみを残しながらテールまで水平に近いかたちで伸ばされてテールフィン状になっていた。のちのものと比較すれば目立たないが、実用性から見れば何の意味もないテールフィン形状の始まりだった。

このころは、航空機にも革命が起こっていた。草創期から使用されたガソリンエンジンに代わって、ジェットエンジンが動力の主役についた。プロペラをまわして飛ぶ飛行機は、セスナのような小型機だけになりつつあった。ジェット機の登場によって、航空機は限界だった音速のスピードをあっさりと破り、マッハの時代に入り、ジェット機は新しい時代を象徴するものであった。

自動車のスタイルに、ジェット機のイメージを取り込む試みが始まった。キャデラックのテールフィンはスピード感を表現するのに格好のアイテムに見えた。クル

1949年型キャデラック。テールフィンの始まりであった。この後のゼネラルモーターズのデザインは、ハリー・アールの主導でテールフィンが付けられたものになり、アールが引退する59年まで続いた。

マの顔ともいうべきフロントのグリルにもジェット機のイメージが取り入れられた。ゼネラルモーターズでは、スタイルでクルマの新しさを出すことがそれまで以上に重要であるとして、1950年代になってからは、年度ごとに新しくデザインしたクルマを発表することが恒例になる。

秋になると、翌年度のニューモデルの発表会が華々しく開催された。ゼネラルモーターズをあげてのお祭りであり、派手なショーとなった。

1951年から始まったゼネラルモーターズのニューモデルの発表会は、モトラマと称されて、ドリームカーが披露されて花を添えた。単に一企業の発表会を超えたイベントとして注目された。ショーモデルであるアドバンスドデザインのクルマは、まさに夢のクルマで、ジェット機やロケットなどのイメージを大胆に取り入れたスタイルになっていた。それに比較すれば、新型車はおとなしく見えるものであったが、前年モデルが古めかしく見えるように配慮されていた。

ゼネラルモーターズのモトラマは、アメリカの主要都市を巡回して開催され、マスコミでも大きく取り上げられるイベントになった。フォードやクライスラーも、同様に年度モデルを発表しなくては対抗できなくなった。

クライスラーは、ゼネラルモーターズのように派手なデコレーションでクルマのファッション化を進めるのとは異なり、イタリアのカロッツェリアであるギア社と提携してオーソドックスなスタイルのクルマにする方向を模索した。

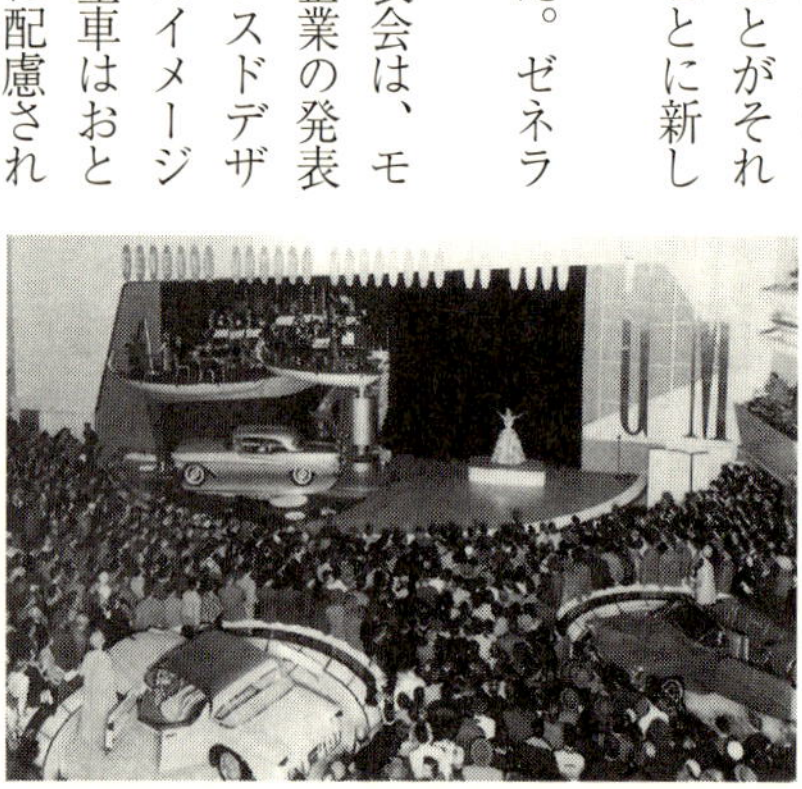

1955年秋に開催されたゼネラルモーターズの新しいモデル発表会であるモトラマ。派手なショーとして話題を呼んだ。ショーを盛り上げるためにその年ごとのアドバンスドカーも用意された。

しかし、サイズを大きくして派手になるゼネラルモーターズのクルマに慣れた人たちには好評とはいえなかった。フォードを抜いてゼネラルモーターズに次ぐ販売台数を確保したクライスラーは、再びフォードに抜かれてしまった。

クライスラーは方向転換を図り、ゼネラルモーターズのデザインシステムを導入した。1957年のニューモデルでは、テールフィンをそれまでのどのクルマよりも派手に取り入れたスタイルになった。大衆車であるプリムスも、テールフィンが航空機の垂直尾翼のように大きくなっていた。テールフィンを強調するアメリカ車のイメージにすることで販売を伸ばそうとしたのである。

これをきっかけに、歯止めがかからなくなったように大げさなテールフィンがデザインの中心になり、デザインのためのデザインの競争がエスカレートしていった。それにつれて車両サイズは大きくなり、エンジンも排気量を大きくしてパワー競争が展開された。車両は重くなり、ガソリンの消費量が増えるが、ユーザーも、燃費の良いクルマを選ぶという意識はほとんどなく購入していた。

カイザー・フレーザーやクロスレーといった、比較的小さいクルマをつくっていたメーカーが姿を消していたから、アメリカの大衆車は、フォードであり、シボレーであり、プリムスだった。これらも、派手なテールフィンを付けて全長も5メートルを超える大きさのクルマになったのである。

1957年型クライスラー・ニューヨーカー・コンバーチブル。この年からクライスラーも目立つテールフィンを採用するようになり、それで売り上げを伸ばすことができた。

■アメリカが世界そのものになった

１９２０年代の後半から１９３０年代にかけて、ゼネラルモーターズのアルフレッド・スローン社長が打ち出した方針は、１９５０年代になって、その実りを刈り取ることができるものであった。この時代のゼネラルモーターズの懸念は、政府の独占禁止法の発動による分割命令が下されることであった。１９５０年代にアメリカの販売シェアの50％を超えたゼネラルモーターズは、それ以上シェアが伸びることは、必ずしも望ましいことではなかったのだ。自由な競争を阻害するまでに独占的なシェアを占めていると判断されれば、分割命令が下される可能性が大きくなる。すでに石油のメジャーでは起こっていることだった。

ゼネラルモーターズが決めた車両価格に、フォードやクライスラーが足並みを揃えた。安い価格で販売することはゼネラルモーターズのためにならなかった。フォードやクライスラーにもがんばってもらうことがゼネラルモーターズにとっても良いことだった。車両価格の主導権を取ることは、ゼネラルモーターズの利益が、さらに大きくなることを意味した。

将来に向けてのゼネラルモーターズの研究機関の充実も、他のメーカーの追随を許さないものだった。航空機で見るように、自動車用動力は、いつまでもガソリンエンジンが主流であるとは限らないという見方があった。ジェットエンジンや電気モーター、燃料電池車の研究など、ゼネラルモーターズは１９５０年代から６０年代にかけて、あらゆる可能性を追求し、遠い将来のための研究開発に多額の資金と人材を注ぎ込んでいた。現に１９６０年代の早い時期に、室内のスペースのほとんどを機械部分で占領した燃料電池車の試作を完成させて、走らせる実験までしている。技術的なシステムや装置だけでなく、各種の新しい原材料などゼネラルモーターズが手がけていないものはないとまでいわれたものだ。

トルクコンバーターによるＡＴ機構から始まって、オートクルーズ機構、ターボエンジン、電子制御の採用などゼネラルモーターズが実用化した技術はたくさんある。1970年代になっての厳しい排気規制が実施されることになったときも、その技術的な困難さを前にして、自動車メーカーとして単独で対処できるのはゼネラルモーターズだけといわれ、その他の自動車メーカーは束になって共同で開発に取り組むようになった。

それだけゼネラルモーターズは圧倒的な存在になっていたのだ。生産体制も、この時代の最先端を行くパンチカードの導入により、異なる車種がベルトコンベアに同時に流れても支障がない体制がつくられていた。また、ニューモデルに対応した特殊なモデル専用の工作機械を導入することで、生産効率を上げることが可能であった。ヨーロッパの多くのメーカーは、モデルが変わっても同じ機械が使用できるように汎用の工作機械を使用しているところが多かった。

大きくて豪華でファッショナブルになっていくアメリカ車は、ヨーロッパの合理性を追求するクルマの方向とは、まったく異なるものになったが、膨大なアメリカの市場に支えられて、アメリカ以外に通用するクルマではなくなったのだ。1947年のアメリカにおける販売台数は400万台だったが、1955年には800万台と倍増した。1957、58年は戦後初の不況となり販売は落ち込んだが、1960年になると1000万台を突破した。

■伸びが目立つ輸入車とアメリカ車巨大化の限界

アメリカでコンパクトカーの需要がなかったわけではない。維持費にあまり費用をかけたくないと思う人は燃費の良いクルマを選択した。ヨーロッパ車が、そんなアメリカのニッチ市場に食い込んでいった。その代表がドイツのフォルクスワーゲン・ビートルである。もともと輸出マインドの高いメーカーであり、アメリカにも積極的に売り込みを図り、サービス体制も整備した。フォードやシボレーという大衆車のサイズが大きくなって、その下の隙間が大きくなり、フォルクスワーゲンの販売が伸びていった。

そのほかにも、ヨーロッパ車で人気となったのはスポーツタイプのクルマだった。アメリカでも、セダンが中心だった市場に一家に一台から二台持つところが増えてくると、セダンとは異なるタイプのクルマを持ちたいという層が出てきた。それに応えるようにフォードではサンダーバードを出し成功した。

ドライブを楽しむコンパクトなヨーロッパのスポーツカーは、アメリカの販売店が目をつけて取り寄せたものだが、少量生産のクルマであり、アメリカでもひとつの車種が大量に売れるものではなかったから、サービス体制もお寒いことが多く、本当に好きな人たちが乗るだけであった。したがって、輸入車として目立っていたのはフォルクスワーゲン・ビートルだった。

貧しい層が乗るのはアメリカ製の中古車であったが、それらと同じ低価格で購入することができるフォルクスワーゲンは若者に人気があった。ばかでかいアメリカ車に乗るよりもインテリジェンスがあるように見えるところもあった。ビッグスリーよりひとクラス下のクルマにターゲットを絞って活動していたアメリカンモーターも、1950年代の終わり近くなると販売台数を伸ばした。

テールフィンに象徴されるアメリカ車は大きく豪華になった。乗降性を高めるために回転シートが採用され、窓の開閉やシート高さの調整なども電動化され、

1959年型キャデラック。テールフィンにより余計に全長が長く見える。5600mmという大きなボディでひたすら優雅さを求めたデザインとなっていた。

エアコンディショナーが標準装備された。付加価値を高めるために採用されたさまざまなシステムにより車両価格はさらに高くなり、燃費を悪くする方向に一段と進んだ。

いくら豊かなアメリカであっても、自動車にかかる費用が膨らみすぎるようになった。1958年の不況で、販売台数が落ち込むと、それまでの能天気な車両開発の進め方に対して反省する気配が出てきた。

1959年モデルとして登場したキャデラックは、それまでよりさらに一まわり大きくなった。テールフィンはロケットの翼のようなかたちになり、そのテールランプはジェット機の噴射口を思わせるデザインになっていた。アメリカ車のテールフィン時代を象徴するスタイルの華美さが極まったものだった。サイズが大きくなったために、都市部の駐車場では、キャデラックの駐車お断り、あるいは特別に高い駐車料金を設定するようになった。1950年から始まった一連の豊かなアメリカ社会に対応したクルマのグレードアップの進行が限界にきた感じとなったのである。

ゼネラルモーターズのデザイン部門でも、クライスラーの進めた巨大なテールフィンに対抗して、より目立つフィンにすることに抵抗を示すデザイナーの意見が一定の勢力を占めるようになっていた。

1960年代になると、テールフィンは一斉にクルマから消えた。これ見よがしのデザインに対する反省で、スタイルは洗練度を高めた方向にシフトしたので

1964年型ビュイック・リビエラ。50年代のテールフィンから一転して洗練されたスタイルの方向となった。しかし、ボディは従来よりも大きくなる傾向があった。

ある。しかし、車両サイズの大きさなど基本的な思想での変化ではなかった。

■コンパクトカー・コルベアの登場とその失敗

もうひとつの大きな変化は、アメリカのメーカーがコンパクトカーの開発を始めたことだった。フォルクスワーゲン・ビートルの販売台数が伸びていることにゼネラルモーターズは対抗することにした。輸入車のシェアは1950年代の終わり近くには、アメリカで10％を得るまでになっており、無視できない存在になってきていた。フォルクスワーゲンは、燃費も各種の補修部品もアメリカ車の半分ですむし、セカンドカーとして選択されるのに格好のものだった。

ゼネラルモーターズの開発コンセプトは、アメリカに君臨するメーカーの誇りをかけて、フォルクスワーゲンを大幅に凌駕するコンパクトカーにして、フォルクスワーゲンを撃退することであった。

1959年に登場したゼネラルモーターズのシボレー・コルベアがそれである。その上のシボレーとフォルクスワーゲン・ビートルの中間にあるサイズであった。機構的にはアメリカ車の主流であるフロントにエンジンがありリアホイールを駆動するFR方式ではなく、フォルクスワーゲンと同じリアにエンジンを置いたRR方式を採用した。ビートルより強力なエンジンとし、スポーツ性を強めて、優位性を表現した。

エンジンはフォルクスワーゲンが1200ccの水平対向4気筒に対し、コルベアは2300〜2800ccの水平対向6気筒にしている。車高が低く精悍なイメージで高性能であった。全長は4・6メートルと、4メートルほどのフォルクスワーゲンよりもひとまわり大きかったが、5・3メートルのシボレーよりずっと小さく見えた。

しかし、期待されたほどシボレー・コルベアの販売は伸びなかった。フォルクスワーゲンなどの小型乗用車に乗る人たちにとっては魅力的なクルマではなく、車両価格もシボレーよりも安かったが、フォルクスワーゲンよりも高かった。そのため、コルベアのユーザーはフォルクスワーゲンからの買い替え需要よりも、従来からのアメリカ車ユーザーが遥かに多かった。フォルクスワーゲンを凌駕しようとして高性能にすることで、逆に中途半端な印象を与えたのであった。

このため、ゼネラルモーターズはコルベアよりも車両価格の安いテンペストやシェビー2を出し、コルベアはスポーツ性を高めて特色を出すことになったのだった。

それが、さらなる失敗の元をつくることになった。

1960年代の半ばになって、市民運動を展開していたラルフ・ネーダーによって「コルベアは危険なクルマ」として訴えられたのである。パワフルでないフォルクスワーゲンではRR方式の欠点である高速走行中にクルマの挙動が不安定になる現象は抑えられていたが、高性能化したコルベアは、走行中に転倒するなどのアクシデントが起こっていた。リアにエンジンがあることに加えて、サスペンション形式も不安定さと関係していた。それまではオーソドックスなFR方式ばかりつくってきていたゼネラルモーターズの技術者が、こうした欠点を見逃したのだった。

1960年代に入ると、黒人差別に対する抗議行動が激しく、公民権が認められるようになり、格差社会であるアメリカのあり方に異議を主張する運動が活発

ゼネラルモーターズ初のコンパクトカーであるシボレー・コルベア(上)と60年型シボレー。全長で700mmほどの違いがあった。コルベアはRR方式であったが、下のFRのシボレーと同じようなスタイルになっている。

化してきていた。その流れのなかで、ゼネラルモーターズが抗議の対象としてクローズアップされたのだった。環境問題に対する保護活動も起こり始めていた。

ネーダーは、その著書「どんなスピードでもクルマは危険だ」で、ゼネラルモーターズは安全性に配慮しないクルマをつくっていると告発した。具体的に起こったコルベアの転倒事故に対するメーカーの責任を追及し、損害賠償を請求する裁判が何件も起こされた。裁判は長期化し、最終的にはゼネラルモーターズに責任はないという判断が下されたが、利益ばかり追求してユーザーの命を大切にしないというネーダーの主張は、一定の支持を得ることになり、ゼネラルモーターズのイメージ低下は免れなかった。

この後は、クルマの安全性に対して従来以上に配慮されるようになり、車両の安全基準も見直されて厳しくなった。車両構造だけでなく、シートベルトの装着やエアバッグの装着などが進むことになる。日本車も、これに沿って安全性を高めていったのである。

コルベアの失敗は、得意とする分野でないクルマの開発のむずかしさを露呈したものだった。長いあいだに培われた技術的な伝統は、他のメーカーにない強みになるが、逆に新しいクルマの開発では蓄積がないものに挑戦する不利さを免れることがむずかしい。長く市場に送り出した蓄積の上に立ったモデルの開発と、未知の分野に足を踏み出すのとでは大きな違いがあった。

同じようにコンパクトカーの開発に踏み切ったフォードは、コルベアと同じようなサイズのファルコンを市場に送り出したが、機構的にはアメリカ車の伝統となっているFR方式にして、ゼネラルモーターズのような冒険をしなかった。そのために、もっとも成功したビッグスリーのコンパクトカーとなった。それでも、フォルクスワーゲンからシェアを奪い取ることができなかった。

フォードで注目すべきは、ファルコンベースのスペシャリティカーであるマスタングを１９６４年に出したときだった。それまでのセダンを中心にしたワゴンやコンバーチブルといったクルマの概念から外れた、スタイリッシュでスポーティなムードのしゃれたクルマにしたことが成功した理由だった。機構的なチャレンジではなく、デザインコンセプトで新しさを出したのである。しかし、それでも輸入車の勢いは止められなかった。

■大気汚染問題の浮上

１９６０年代に入って、アメリカの自動車業界が無視できなくなったことに、大気汚染の問題がある。クルマの渋滞が慢性的に起こっているロスアンゼルスのような都市では、自動車からの排出ガスが大気を汚すようになっていた。地形的にも、強い太陽と東側が砂漠となっている台地に囲まれたロスアンゼルスでは、排出ガスに含まれる窒素酸化物と日光が化学反応して、光化学スモッグを発生させた。また、不完全燃焼による一酸化炭素の排出も問題になっていた。

もともとロスアンゼルスを都市化する際に、自動車がなくては生活できないようにしたことが大きな原因だった。バス路線が一部にあるものの、移動に便利なものでなく、通勤から買いものまで自動車がなくては生きていけない都市になっていた。所得の低い層は、オンボロクルマを用い、へこんでも修理しないまま走らせている光景が見られた。

州政府は連邦政府に先駆けて、カリフォルニア州で排気規制を１９６０年代か

1964年に登場したフォード・マスタング。コンパクトカーのファルコンをベースにしたスペシャリティカーとして人気となった。新しいタイプのクルマの出現であった。

ら始めていた。最初は一酸化炭素の排出量規制からだったが、こうした排気規制は、遅かれ早かれ全米に及ぶことは、時間の問題になっていた。

アメリカ産石油も、無尽蔵ではなかった。自国の油田をベースに巨大化したアメリカの大手石油企業は、新しい産油国として世界的に注目された中東地方に目を向け、着々と手を打っていた。アメリカも石油の輸入国になる様相を呈するようになった。

豊かなアメリカの市民生活は、その豊かさだけをいい気になって享受しているわけにはいかなくなりつつあったのである。

第五章　日本の自動車メーカーの台頭

■輸出に活路を見いだす日本

1960年代の後半になると、アメリカにおける輸入車の大半を占めるフォルクスワーゲン・ビートルは、機構的に古めかしさが目立つようになり、日本車にシェアを奪われ始めた。燃費が良く、故障も少なく、スタイルも新しいイメージがあるトヨタや日産のクルマが、アメリカのニッチ市場で人気となった。輸出に力を入れる日本のメーカーは、サービス体制も万全であった。

ヨーロッパやアメリカのメーカーに大きく遅れて登場した日本の自動車メーカーは、例外なく輸出マインドが強いことが大きな特徴であった。資源を持たない日本は、原材料を輸入して付加価値を高めた製品をつくり、それを輸出することで豊かになるという政策がとられていた。日本を代表する自動車メーカーであるトヨタと日産も、国際的な競争力がつく前から、自動車を輸出することで、企業として発展させようとする考えを持っていた。

戦後になって、技術的な遅れを政府の保護政策で護られているあいだに、日本の自動車メーカーは力を付けることができた。

　トヨタと日産は、国際商品として通用するレベルになっていないにもかかわらず、1950年代の後半には、早くもアメリカへの乗用車輸出を試みていた。しかし、アメリカの高速道路をまともに走ることができずに、このときの計画は失敗したが、それを教訓にして技術的な進化を図り、1960年代の半ば過ぎから、ようやくアメリカの道路をまともに走るクルマをつくれるようになった。

　トヨタ自動車が、クルマをつくるトヨタ自動車工業とクルマを販売するトヨタ自動車販売という二つの組織に分かれている時代は、1950年から1982年までの32年に及ぶが、そのあいだにトヨタ自販が中心となって輸出体制が構築され、日本のトップメーカーの地位を不動のものにしている。

　トヨタ自販初代社長の神谷正太郎は、戦前の日本ゼネラルモーターズ販売部門の幹部から転じてトヨタ自動車に入社、アメリカ流の良いところを導入して、販売のトヨタといわれるまでの実績を残した。その神谷がアメリカにトヨタ車を輸出しようと、1957年8月に初代クラウンをサンプルカーとしてアメリカに送った。

　そのときにアメリカで販売するための販売組織をつくろうと、アメリカの自動車市場を調査し、驚くほど自由に輸出することが可能であることを知った。クリアする条件としては、原価や、卸売りおよび販売店の利益を確保す

1960年代になると日本からアメリカへの輸出が急増した。そのため各メーカーは専用の輸送船をつくり船積みした。

るなど、透明で適正な販売をすることであった。あとは顧客が受け入れるかどうかだけというわけで、アメリカ人は、どこの国のクルマであろうと、クルマの質が良くて価格がリーズナブルなら受け入れる国民性があった。大きなニッチ市場があり、品質と性能の良いクルマを早くつくるようにすることが、輸出に成功する最大の課題であった。それを達成し、輸出を増やしていったのだ。

■軍事優先で後まわしにされた戦前の自動車

日本の自動車メーカーが世界に輸出できる水準に達するまでには、長くて険しい道のりがあった。追いつき追い抜くのは容易ではなかったのだ。まずは、トヨタと日産の戦前の活動を中心に、国産メーカーがどのような経過を辿って誕生したかからみることにしよう。

ふたつの日本のビッグメーカーが活動を開始するのは1930年代になってからで、そもそも欧米で自動車産業が本格的に成立した1910年代には、日本では国産車といえるものはほとんどないも同様で、アメリカなどから輸入される自動車がわずかに走っている程度だった。

日本は、欧米が100年以上かけて達成した工業化を、その何分の一かの時間で追いつこうと息せき切って活動した。そのためには、政府の主導で軍事優先路線がとられた。国力を高めるために軍艦や飛行機などの国産化が急がれ、軍用として緊急性のない民間中心の自動車は、産業としては重要度の高くない部門と見なされたのであった。欧米に追いつくのは容易ではなく、国産化するにはリスクが大きいもので、1930年代に始まる戦時体制になるまでは、自動車メーカーの育成のために国家予算は多く使われなかった。したがって、自動車には、財閥系企業などの大手は積極的な関心を示さなかったのだ。

とくに乗用車は、ごく一部の上層階級が馬車に替わるものとして用いる以外は、ハイヤーやタクシーなどに使われる程度で、アメリカやヨーロッパからの輸入でまかなうことができた。量産体制を敷く欧米のクルマに、国産車は車両価格や性能で対抗しようがなかったのだ。

日本に自動車技術を根付かせ、日本工業の発展に寄与しようと取り組んだ橋本増治郎の「快進社」（ダット号）や豊川順弥の「白楊社」（オートモ号）などの先駆的な車両開発は、努力のわりに苦難が多く、結果的に実を結ばなかった。

■軍用トラックメーカーの育成

軍部が日露戦争後に、陸軍が牛馬に替わる輸送にトラックを用いようと、自動車の調査研究を始めた。すぐに必要ではないにしても、国産トラックを自力でつくることがめざされた。これがわが国での最初の国産車づくりの動きだった。

まず自動車メーカーの育成から始めなくてはならなかった。しかし、飛行機や軍艦とは異なり、兵器としての必要性が高いと思われていなかった自動車には、多くの予算が割り当てられなかった。逆に、大正時代後半の国際的な軍縮ムードのなかで日本の軍事予算は削減され、自動車関係の予算も減らされた。

それでも、第一次大戦でヨーロッパからの製品などの受注が盛んにな

欧米のものまねでないクルマとして完成させたオートモ号。VWより先に空冷エンジンを搭載。コンパクトなセダンとして注目されたものだった。

1915年につくられたダット31型。これは直列2気筒10馬力。エンジンの鋳物づくりに苦労を重ねていた。

り、大きな利益を得た石川島造船所や東京瓦斯電気工業などが、新しい製品としての自動車に注目し、軍部が要求するトラックをつくり始めた。軍需品生産で得た莫大な利益を自動車につぎ込むことにしたのである。石川島の場合は、イギリスのウーズレー社と提携して乗用車の製造を始めたものの、販売がまったく伸びずに、軍用トラックの開発に転換を図ったものである。

当時の日本では、欧米のように部品メーカーもなく、自動車用の原材料も揃っていなかったし、技術者も経験がなく、トラブルの出ないトラックをつくるのは簡単ではなかった。そのうえ、完成したトラックも限られた軍事予算からの補助で、採算が取れるものではなかった。民間でトラックを購入するところも少なかった。それでも、これらのメーカーは、将来的に発展するという思惑と、国家の役に立っているという動機付けで、辛うじて撤退しないで済んでいる状況だった。

■日本独自の三輪トラックの発達

こうした流れとは別に、大正から昭和初期にかけて、民間で日本独特のささやかな輸送用のクルマがつくられる。シンプルな空冷エンジンを搭載した三輪トラックである。最初は輸入された小さなエンジンを積んで荷台を付けた自転車からスタートして、次第に三輪トラックとしての機構に発展した。オートバイのようにバーハンドルで、一人乗りで荷物を運ぶことが優先されて、運転手は風雨にさらされたままであった。車両価格は輸入四輪車の2～3割程度で、メンテナンス費用も比較にならないほど安く済んだから、小口輸送機関として一定の需要があった。

ダイハツの前身である発動機製造やマツダの東洋工業など、技術を持ったメーカーがエンジンを自製して参入、これに「白楊社」の技術者だった蒔田鉄司の起こした「日本内燃機」のくろがねなどが加わって、工業製品としても見るべき内容のものになった。

1920年代の終わりから1930年代にかけて、三輪トラックは販売台数を増やしていった。1935年になると、年間1万台を超える生産台数となり、経営的に成り立つものとなった。戦前のピークとなる1937年には、三輪トラックの年間生産台数は1万5000台を超えた。三輪トラックは、機構的にはオートバイと同じ動力であったことから、1919年に免許制度がつくられたときに小型車という分類にされ、無免許で乗ることができるものであった。

■無免許で乗れた戦前の小型車ダットサン

1930年ころになると、荷物をたくさん積めるように三輪トラックの規格の改定要求がメーカーサイドから出されて、当時の小型車エンジンは500cc以下、車両サイズも全長3メートル以下と改められた。これによって、三輪トラックが搭載できる荷物が多くなったが、同時に四輪車をつくることが可能になった。

この規定に沿ってつくられたのが、のちに戦前の日産自動車の主力車種となるダットサンである。オースチン・セブンより小さいものであったが、日本の土壌のなかから誕生したコンパクトな四輪乗用車であった。車両開発したのは橋本増治郎の流れを汲む「ダット自動車製造」であった。しかし、製造販売するには資金が必要で、その権利を鮎川義介の「戸畑鋳物」が購入した。

このあとに、戸畑鋳物自動車部から日産自動車として独立して、自動車メーカーと

ダイハツ三輪トラック。マツダとともに技術レベルの高いメーカーとして知られ、品質の良い製品づくりでシェアを伸ばした。日本独特のトラックとして注目され、エンジンも国産だった。

なったのである。三輪トラックの倍の価格であったが、小型車の要件を満たしていることから無免許で乗れた。このことから人気となった。

日産自動車となったことで、生産体制や販売体制が確固としたものになった。今の軽自動車よりサイズも小さかったが、エンジンは直列4気筒で、セダンだけでなくロードスターやトラックなどもつくられた。

戦時体制になる前の1937年には販売のピークを迎え、年間6000台以上のダットサンがつくられた。日本で唯一、オーナーカーとして成功した国産車で、ダットサンの名前が浸透した。

この後は、ガソリンが使用制限され、不急不要の乗用車は製造できなくなる。もし戦時体制に移行していなければ、ダイハツやマツダでも、ダットサンのライバル車を世に出していただろう。試作車をつくったものの、乗用車が販売できる状況ではなくなっていた。

■フォードとゼネラルモーターズの日本進出

戦前の日本の自動車史のなかで最大の出来事は、1925年に横浜にフォードが、1927年に大阪にゼネラルモーターズが組立工場を建設して、日本で直接自動車を組み立てて販売に乗り出したことである。

アメリカの二大メーカーが日本に橋頭堡を築くことによって、国産車メーカーが活躍することがそれまで以上にむずかしくなった。もちろん、これと競合しな

戦前の小型車の規格でつくられたダットサン。橋本のつくったダット号のパーツを使用したこともあって、ダットサンと名乗った。1930年に完成、当初は10馬力、1935年から日産で本格的につくられるようになった。

い三輪トラックメーカーや小型乗用車は例外である。

まだアメリカが仮想敵国にはなっていなかったせいもあるが、日本の産業界や政府も、アメリカのメーカーが日本に進出することを歓迎した。工場の用地確保や建設に際して便宜が図られ、誘致合戦が見られた。政府や軍部が日本の自動車産業を育成しようという考えを持っていたら、この機会に技術提携するなど日本に自動車技術を根付かせる方法をとるべきだったのだろうが、そうした議論もほとんど起こっていなかったようだ。

フォードが日本に工場をつくることになったきっかけは、1923年9月の関東大震災であった。このときに、鉄道などが使用できなくなり、自動車の利便性が広く認識された。東京港に積まれたアメリカなどからの援助物資もトラックでなくては運ぶことができなかった。このため輸入車の在庫もたちまち底をつき、急遽アメリカから取り寄せたクルマも引っ張りだこだった。

東京都も路面電車の復旧には時間がかかるので、その対策としてT型フォードのトラック800台を輸入してバスに改装して当座をしのいだ。T型が選ばれたのは早く入手することができるからであった。

このころに、フォードはアジアの拠点として上海を考慮していたようだが、日本の大地震からの復興の早さに注目し、上海から日本に拠点を変更する意向を示した。それを日本が歓迎し協力することになったので、その後は比較的スムーズに組立工場の建設が進んだ。ゼネラルモーターズも、フォードに負けていられないと行動を起こしたのである。

関東大震災で甚大な被害を受けた帝都は、大きく変貌するとともに自動車が急速に普及するようになる。もちろん、戦後のマイカーブームとは比較にならない数であるが、市民がハイヤーやタクシーを日常的に使うようになった。軍部もフォードやゼネラルモーターズから軍用としてトラックを購入した。出来の良くない国産トラックと違って故障もなく好評であった。

フォードもゼネラルモータース も、アメリカでの自動車販売のノウハウを持ち込み、日本全国に販売店網をつくりあげ、サービス体制を充実させた。輸入車の場合は、それぞれのエージェントがサービスの中心になって、かなりしっかりとサービスしていたものの、直接的に関わることになったフォードやゼネラルモーターズの場合は、組織的で部品の供給体制も万全であった。このときに、中間幹部として日本人が雇用され、アメリカの組織的な販売体制やサービスの仕方などを学び、トヨタや日産ができたときに、それが生かされたのである。

工場として横浜と大阪が選ばれたのは、アメリカから部品を積んだ船が工場に横付けできるからだった。いわゆるノックダウン生産だったが、日本でつくられる部品でも使用に耐えられるものは現地調達する方針を示した。これにより、自動車部品メーカーが日本でも本格的に誕生することになった。

フォードやゼネラルモーターズに供給するだけでなく、補修部品としての需要も見込まれた。タイヤやガラス、さらにはシートの布地などから始まって、点火プラグや電装部品など、それまで輸入に頼っていた部品も次第に国産品が出まわるようになっていく。自動車の販売台数が増えることで、自動車周辺の技術力が向上し、産業として注目されるようになっていった。

■アメリカメーカーの排除計画の浮上

ところが、10年もたつと、様相が変わってきた。満州国の建設が進み、中国の奥

横浜につくられた日本フォードの工場。ちょうどT型からA型に切り替えられる時期に当たっていた。販売は1925年6月から始まった。

深くまで日本軍が進んでいくようになり、陸軍にとって自動車輸送がそれまでとは違って重要視されるようになった。広大な中国や満州の悪路のなかを人員や兵器を迅速に運ぶのに、牛馬に頼るわけにはいかなくなったのだ。

次第にアメリカと戦争する可能性が高まってきていた。そうなると、必要なトラックをフォードやゼネラルモーターズから調達するわけにはいかなくなる。輸入超過が続いていて、外貨はますます貴重になっていたこともあって、国産トラックが求められた。

1931年の満州事変のころになると、軍部の予算は大きく膨らんできて、政党が支配する政府に遠慮して予算を決める時代ではなくなりつつあった。軍部の意向が政治を動かすようになっていたのだ。日本に自動車メーカーが必要となれば、場合によっては丸抱えで自動車メーカーをつくるだけの資金を投入することが可能になっていた。

戦後の通産省や経済産業省の前身である商工省が、戦時体制と日本の社会生活の両立を図るために、経済体制を大きく変えようとしている時期でもあった。このころに政策を大きく左右した官僚が、岸信介などに代表される革新派であった。

水面下で、フォードとゼネラルモーターズの日本からの排除、国産自動車メーカーの育成が検討され始めた。アメリカの両メーカーの排除はアメリカとの国際問題であり、国産メーカー育成には自動車技術の遅れという難問を含んでいた。

軍が必要とするトラックは年間数万台以上になるもので、それまでの日本では考えられない量産規模の日本メーカーが必要であった。量産体制を整えるためには莫大な設備投資ができるメーカーが名乗りを上げることが条件となる。相当な実績を持つ企業でなくては参入できないことが想定された。しかも、トラックを設計・製造する能力が要求されるのだ。

三菱重工業などの財閥企業が最初にターゲットになるはずだが、このころには造船や飛行機で軍部と結びついているうえに、自動車メーカーになることは、経営的に成立しないものというムードが大企業のなかに定着しており、軍部の打診に消極的な態度だった。

■トヨタと日産の登場

具体的に自動車メーカーとして名乗りを上げたのが、トヨタ自動車の前身である豊田自動織機の豊田喜一郎と、日産コンツェルンの総帥である鮎川義介であった。これにより、トヨタと日産という二大メーカーが誕生することになるわけだ。

軍部と相談しながら、商工省の役人たちがアメリカのメーカー排除と国産メーカー育成のため、行動を活発化したのは1932年のことだった。その動きは周囲には自然に伝わった。かつてのようなわずかな補助とは異なり、きわめて魅力的な育成策が講じられることが次第に明瞭になってきていた。

豊田喜一郎は、学生時代の同級生が商工省におり、日本の自動車メーカー育成のために具体的に動いていたので、細部にわたって知ることができる立場にあった。鮎川義介も政財界に知故が多く、大物政商としての立場で情報が入ってきていた。

フォードとゼネラルモーターズの排除は、国防に関わることから強行することになった。生産台数の制限から始めて、数年をかけて生産中止に追い込む計画が立てられた。戦時体制になれば、海外メーカーの都合は犠牲にされることに否応はいえなくなる。そのための準備が着々と進行したのだ。

国産メーカーの育成に関しては、自動車製造事業法を1934年5月に成立させて具体化した。フォードやシボレーなどと同じクラスの普通自動車を年間３０００台以上製造する場合は、日本政府の許可が必要になることが骨子で、許可会社に指定されたところは、5年間の所得税の免除、外貨の優先使用の承認、軍部による製造したトラックの買い上げなどを特典としていた。政府の認可がなくては、少量生産をのぞいて自動車をつくることができなくなる法律であった。

トヨタ自動車の前身となる豊田自動織機に自動車部が設立されたのは１９３３年9月、実質的に自動車に関する活動が始まるのは１９３４年になってからで、自動車製造事業法が成立して、許可会社が決められる2年前だった。そのあいだに実績をつくることで許可会社になる準備をしたのである。

■豊田喜一郎と鮎川義介

豊田佐吉の自動織機の発明が豊田グループ事業の元になっており、佐吉の長男である喜一郎は東京帝国大学工学部を出て、佐吉のもとで織機や紡績機の開発製造に関わってきていた。その過程で、新しい事業に乗り出すべき時期に来ていると行動を起こしたのである。

豊田喜一郎より7歳年上の鮎川義介は、戸畑鋳物を設立して日産コンツェルンの代表として多くの企業の買収を図り、グループの拡大を図っていた。自動車には早くから興味を示し、ダットサンの製造販売を始めたのも、普通車を量産するためのトレーニングと捉えていた。事業法の成立でようやく積極的に乗り出す時期が来たという認識であった。

この二人に共通していたのは、自動車メーカーとなるために重要なことは、量産してコストを下げることであるという認識を持っていたことだ。アメリカの自動車業界の動きを把握していたから、将来的にはアメリカのような生産体制を日本でも確立しなくては、競争力を持つことができないことを理解していた。

問題は、いくら自動車製造事業法が計画されていようとも、その成立前に事業に乗り出すのは、大きなリスクがともなうことであった。莫大な投資をしても許可会社として認められると決まっているわけではない。それでも、鮎川が豊田自動織機の豊田喜一郎より一足先に自動車事業に乗り出したのは、所有する株式の価格が高騰したので、その一部を売却して多額の資金を得ることができたからだった。

日産コンツェルンの総帥である鮎川は、自らの判断で資金や人材を動かすことができる立場にあり、1933年12月に日産自動車の前身となる「自動車製造」という会社を興した。

豊田喜一郎の方は、このとき豊田自動織機の常務であり、社長は11歳年上の妹婿の豊田利三郎だったから、自動車のために資金を引き出すには、その承認が必要だった。それには、自動車製造事業法がつくられる見通しであることが、格好の説得材料であった。自動車事業に参入するには、この法律による許可会社になることが最初からの大きな目標でもあった。

■許可会社としてのトヨタと日産の活動

日本の自動車メーカーを育てるための法律をつくっても、絵に描いた餅にならないように、リスクを覚悟で乗り出す企業があるかどうか陸軍は懸念していた。したがって、トヨタと日産の二社が行動を起こしたことは歓迎すべきことだった。

トヨタの自動車の発表展示会。このころはトヨダ（TOYODA）という名称で、許可会社になるための準備が行われた。その後、量産のために新しく挙母（ころも・現豊田市）工場が建てられ、豊田自動織機自動車部から独立して、1938年にトヨタ自動車となった。

このほかに以前から軍用トラックをつくっていた東京瓦斯電気工業も有力な候補であった。

　軍が求めるトラックをつくる技術力も必要だった。そのために、トヨタでは早くからシボレーエンジンを手本にしてエンジンづくりに励んでおり、最初にクライスラー・エアフローを模範にしたスタイルの乗用車であるトヨタＡＡ型を１９３５年５月につくりあげた。そして、このエンジンを搭載してフォードトラックを参考にしたトヨタのトラックを3か月後に完成させた。走行テストではトラブルが多発、前途は険しいものであることを思わせた。

　日産の方は、自ら開発するのではなく、海外のメーカーと提携してつくる道を選択した。そのために倒産寸前だったアメリカのグラハムページ社の開発途中のトラックの製造権を取得した。このときに製造設備もスクラップに近い価格で購入して、船で横浜まで運び込んだのである。日産トラックが完成したのは、１９３７年3月であった。

　トヨタは、模倣の域を出ないにしても、独自にクルマをつくりあげ、その製造設備も自分たちでアメリカなどから取り寄せて設置した。日産は、グラハムページのトラックをそのままつくることにし、アメリカから運んだ製造設備をスムーズに稼働させるために、アメリカから技術者を呼び寄せて指導を受けた。

　トヨタと日産が、自動車製造事業法に基づき許可会社として承認されたのは１９３６年9月のことであるが、いってみれば出来レースであった。しかし、この二社のほかに商工省や陸軍を納得させることのできる体制をつくるところはなかったと

トヨタAA型乗用車。1935年5月に試作車が完成。搭載したエンジンは直列6気筒。フォードに対抗するためにシボレー用に開発されたOHVエンジンをもとにしてつくられたエンジンだった。

いっていい。事業法ができてから三井などで興味を示したようだが、時すでに遅しであった。軍用トラックで実績のあった東京瓦斯電気工業は、資金調達ができずに脱落していた。

なお、軍用トラックをつくっていた石川島や東京瓦斯電気工業などが合併して、のちのいすゞ自動車の前身である「東京自動車工業」が1937年8月につくられて、従来からあった国産トラックメーカーはひとつになる。陸軍の主導によるものであった。

陸軍が将来のガソリンエンジン不足に備えてディーゼルエンジンに興味を示したことで、「東京自動車工業」を中心にその開発が進められた。これにより、1941年4月に同社は「ヂーゼル自動車」と改名、軍用ディーゼルトラックをつくることに専念した。1942年に戦車とそのエンジンをつくるための同社の工場が東京都下日野につくられた。この工場が軍の命令によりヂーゼル自動車から分離し「日野重工業」となった。ヂーゼル自動車が戦後の「いすゞ自動車」の前身であり、日野重工業が同じく「日野自動車」になって、トラック・バスを中心としたメーカーになる。

■戦時体制のなかでの活動

フォードとゼネラルモーターズは、日本での生産台数が制限されたうえに、部品の輸入関税が引き上げられ、やがて生産中止に追いやられる。

計画通り、陸軍はトヨタと日産から1937年の日中事変後に大量にトラックを調

トヨタG1型トラック。乗用車と同じ直列6気筒エンジンを搭載し、フレームなどはフォードトラックを手本にしてつくられた。日本では自動車用の鉄鋼などがつくられておらず部品づくりに苦労した。

達した。しかしながら、未熟な段階にあったトヨタと日産のトラックは、アメリカ製トラックに比較するとトラブル続きであった。騒音も大きくしばしば走行不能に陥った。中国奥地や満州で使用された場合、トラブルで走れなくなると敵のまっただなかに取り残されることになるから大問題であった。フォードやシボレーと比較して、その技術的遅れは歴然としていた。

一刻も早く改良しなくてはならなかった。トヨタと日産に対して改善命令が相次いだ。生産台数も増え続けた。トヨタと日産は、いやでも増産体制を敷かざるを得ず、そのあいだに車両の改造もしなくてはならなかった。右往左往しながら、自動車メーカーとして鍛えられたのである。

1942年ころまでは、軍部からは増産に次ぐ増産要求が出された。そのあいだにトヨタも日産もトラックのモデルチェンジを図り、それまでの不具合や問題箇所の改良を図るなど、経験を積むことができた。統制経済が進むなかで、原材料も優先的に支給された。その代わり、戦争が始まってからはいちばん先に統制されて、経営にまで口を挟まれるようになり、民間企業としての自主性は失われていった。

トヨタも日産も、1943年になると航空機用エンジンの生産を陸軍から指令されて、それぞれに新しい工場で作業を始めた。しかし、アメリカの自動車メーカーが組織的に航空機などの兵器を生産したのに比較すると、自動車の生産規模でも技術面でも劣っていた日本では、結果的に期待されたほどの成果を上げ

ニッサン80型トラック。グラハムページ社が都市間輸送のために開発したトラックの製造権を取得、セミキャブオーバータイプになっている。トレッドが大きく、整備性も良くないことなどで、あまり好評とはいえなかった。

ることができなかった。成熟したアメリカの自動車メーカーが率先して、兵器の生産に協力して量産したのとは対照的であった。

太平洋戦争の後半になると、トラックのための原材料の不足が深刻となり、生産に支障を来すようになり、トラックの生産台数は減少していった。本土の空襲が始まると疎開のために設備の移動もあり、終戦を迎える1945年にはわずかな生産台数になっていた。

■戦後すぐの苦しい活動

1945年8月に日本は無条件降伏、トヨタや日産だけでなく、日本全体が戦争のための工業生産を最優先していたから、すべてにわたって出直しを図らざるを得なかった。残された従業員と設備で、どのように将来の見通しを付けるか。軍部の軛《くびき》から解放されたものの、自動車メーカーには新しい難題が目白押しであった。

戦後復興に当たって、政府は優先順位をもうけて産業の保護を実施した。電力や石炭などのエネルギー供給や鉄鋼などに目が向けられ、自動車は相手にされなかった。

民間企業として活動するために、占領軍の認可が必要であった。トヨタや日産は、早くから交渉し、トラックの生産は比較的早く占領軍によって認められた。しかし、原材料の確保は簡単なことではなく、生産が軌道に乗るには時間がか

ライトもひとつになり、資材不足で走行することを優先した簡素なつくりの戦時型トラック。ボディも木製でブレーキも後輪のみ、ラジエターグリルもないもので、戦争の末期につくられた。

かった。輸送機関は逼迫していたから、つくれば売れることが分かっていたが、つくること自体が簡単ではなかったのだ。

乗用車の生産が許可されるのは1949年になってのことであるが、それ以降もしばらくは、トヨタも日産も戦時中につくっていたのと同じ4～5トン積みトラックが主力製品であった。

戦後に新しく規定された小型車は1500cc以下のエンジンとなったことを受けて、トヨタでは1000ccエンジンを新しくつくり、1トン積みの小型トラックを市販した。その前に小型乗用車を試作したが、機構的に冒険したために少量販売にとどまっていた。それでも将来のために乗用車をつくる必要があると判断したのだった。

その後、トヨタはトラックのフレームを流用して乗用車ボディを架装したクルマを売り出した。乗用車としてはお粗末なもので、欧米のクルマとは走行性能や乗り心地で大きな差があった。取り柄は耐久性があることで、タクシーなどに使われた。

日産では、エンジン排気量を大きくしただけの戦前仕様のダットサンを売り出した。まずトラックから始め、しばらくしてから乗用車をつくった。しかし、乗用車ボディを自分のところでつくる設備がなかったので、ボディメーカーに発注して架装した。

ダットサンはホイールベースが短く、クルマとしては時代遅れであったが、

戦後すぐの段階ではトヨタも日産も4～5トン積みのトラックが主力製品だった。写真は1947年のトヨタ車の展示会の様子。

新しく開発するだけの余裕がなかった。設備を新しくするのにも資金が必要であったから思うようにならなかった。クルマの販売は伸び悩み、トヨタも日産も苦しい経営が続いた。

■朝鮮戦争の特需による回復

1950年6月の朝鮮戦争による特需がなければ、自動車メーカーは立ち直るのがむずかしかったかもしれない。それまでは、銀行からの借り入れでなんとかやりくりするのが日常で、占領軍の指導によりできた労働組合がストライキを頻繁にうっていた。トヨタも日産も給料の引き下げだけでなく、従業員の削減を図らなくてはやっていけない状況になった。

1949年末から50年の前半にトヨタ自動車は経営の危機を迎えていた。このときに、日本銀行の名古屋支店長が各銀行に対して協調融資を呼びかけていなければ、トヨタは倒産を免れかねないところまで追い込まれていた。1949年に日本のインフレを抑制させるためにアメリカのドッジ特別顧問による指導で、日本政府は緊縮財政をとり、大変な不況になっていた。犠牲覚悟の荒療治が施されており、企業の倒産が相次いでいた。トヨタがその仲間入りをしてもおかしくない状況だった。

自動車産業は裾野が広いから、トヨタが倒産すれば中京地方の経済に与える影響が大きいと、トヨタを救うために融資が実行された。その融資には、従業員の削減と販売部門の独立という条件がつけられた。この少し前に、社長の豊田喜一郎は、給料の引き下げを実施する際に、従業員の削減はしないと約束していたことから、1950年6月に深刻な労働争議となった。責任を取って豊田喜一郎など幹部が辞任することで、争議はようやく終息した。もとの親会社であった豊田自動織機社長の石田退三が代わってトヨタ自動車の社長に就任した。

その直後に朝鮮戦争が勃発した。アメリカ軍は日本でトラックを調達することになり、トヨタや日産に大量に発注した。ドル建てで現金で購入してくれるうえに、メーカーのいう価格に文句をつけなかったから、トヨタや日産の利益はとても大きかった。それまでの借金を返しただけでなく、設備投資を可能にするほどだった。アメリカ軍におさめるトラックは納入前にテストされ、彼らのマニュアルにそって点検されたから、その対応で自動車メーカーは技術的な蓄積ができるというプラスもあった。

朝鮮戦争による特需は、日本経済全体に大きな刺激を与えた。これが好循環となり、ようやく日本の経済復興が軌道に乗ったのだった。

トヨタでは、このときに得た利益をもとに、生産設備近代化5か年計画を策定して生産の効率化に取り組んだ。アメリカに研修に行った、当時常務だった喜一郎の17歳年下の若い従弟の豊田英二が中心になって策定したものだった。東京大学工学部を卒業してトヨタに入り、幹部として苦労を重ねていた英二は、フォードなどアメリカのメーカーを見てまわった。

フォードでやっていることはその規模を別にすれば、取り立てて特別なことはなかったという感想を抱いて英二は帰国した。アメリカの生産方式をそのまま取り入れるのは無理であるから、いかにして日本式の生産体制をつくりあげて対抗するかが問題で、そのために知恵を出すことが重要であるという思いを持ったのだった。それが提案制度として活かされ、絶え間ないトヨタの改善につながっていく。

1952年になって、業績が回復したトヨタでは、石田退三は自分の役割を果たしたとして、豊田喜一郎の復帰が決まった。しかし、その準備をしているときに喜一郎は突然脳溢血で倒れ、石田が続投することになった。これにより、トヨタの技術部門は豊田英二が中心となった。これ以降、トヨタ自工の車両開発と生産体制は豊田英二が方向を示すことで発展していくことになる。

■保護政策のなかでの技術力向上

経営的に立ち直ったとはいえ、欧米と比較すれば、日本の自動車メーカーは生産体制でも車両の技術でも、大きく差をつけられているのは動かしがたい事実だった。欧米は乗用車の生産が中心であるのに対して、トラック中心の日本は、乗用車を量産するところまでいっていなかった。

１９５１年９月にサンフランシスコ条約が締結されて、日本は戦後の占領体制から脱して独立を果たした。このときに、日本政府はアメリカなどの了解を得て、経済復興と国際収支の改善を優先することになった。ダムに見られるような公共工事などの国土開発のほかに、重工業の発展が重要な課題になった。そのために、国内市場の保護が必要で、貿易自由化の先送り、保護関税の実施、外貨の使用制限などが決められた。

これを契機に、それまでどちらかといえば相手にされていなかった自動車に政治の目が向けられ、国産乗用車の育成が図られることになった。乗用車は将来の輸出品目として重要視されたのである。輸入車の流入を厳しく制限して、乗用車に関しては国際競争力がつくまでは自由化しないことになった。

これに対し、景気回復で元気になったタクシーやハイヤー業界では、輸入制限の撤廃を強く求めるようになっていた。トヨタのトラックベースの小型乗用車や、日産のダットサンなどは、性能が良くないのに非常に高い価格が設定されていて、と

戦前のダットサンをもとにつくられたスリフトセダン。ボディの架装は専門のメーカーに委託されていた。エンジンも戦前型を改良したもの。

ても国際競争力のあるクルマではなかった。それでも、つくることができたのは、政府による保護政策のせいで、外国から性能が良く価格の安いクルマの輸入が厳しく制限されているからだった。

■ヨーロッパメーカーとの技術提携による国産化

このときに、欧米に追いつくために、海外のメーカーとの技術提携が認められた。

日本の自動車メーカーとして優先的に扱われたのは、トヨタと日産、トラックメーカーであるいすゞと日野自動車、それに三菱重工業の自動車部門であった。この五社は、戦前から軍に協力していたからで、戦前の商工省の高級官僚から政治家に転身した岸信介や小金義照の大きな影響力によるものであった。

これら以外の自動車部門に新規参入したメーカーは、海外との技術提携が認められないだけでなく、さまざまな制限や圧力に見舞われることになる。日本で自動車メーカーが育つためには、新規参入などで競争が激しくなるのは、保護育成にとって好ましくないという判断をしていたからである。戦前の経済統制時の思想が戦後も生きていたところがあったのだ。確かに、このころに自動車の自由化が実施されていれば、日本の自動車産業はひとたまりもなかったことだろう。

1952年になると、日産はオースチンと、いすゞはヒルマンと、日野はルノーと提携して乗用車を生産した。この提携は、部品を国産化することで日本での生産台数が多くなっても支払う外貨がそれに比例して多くならないように通産省で考えられた条件で契約された。日本のメーカーでつくられた提携車の部品は、国産車にも使用することができるなど、日本のメーカーに有利な条件になっていた。これに基づいて日産ではオースチン製のエンジンを改良して国産化、ダットサンにも搭載している。

日産はオースチンの国産化を契機に新しい工場を建設し、効率の良い生産設備にした。エンジンをつくるトランスファーマシンを導入したのもこのときであった。トヨタの生産設備近代化5か年計画の実施に見合う日産の活動であった。

海外メーカーとの提携そのものは、結果として大きい成果を上げたとはいえないものだった。ヨーロッパのクルマは舗装路をオーナードライバーが走らせることを前提につくられたものであったが、当時の日本では未舗装路が多く、乗用車の使用はタクシーなどの営業用が大部分であった。酷使される条件の日本にはマッチしておらず、リアシートを優先させるタクシー向きではなかった。そのため、一定の販売台数を確保したものの、この時代の純国産車に取って代わるほどの勢いにはならなかった。

■自主開発の道を選択したトヨタ

トヨタは、日本の事情にあったクルマは、日本人の手によってつくるべきだという考えのもとに提携する道を選ばずに、自主開発することにした。ただし、技術的に遅れているなかでの開発は、リスクがともなうことも覚悟しなくてはならなかった。

トラックベースの乗用車から脱して、乗用車専用設計となるトヨペット・クラウンは1952年1月から開発が始められ、その登場は1955年1月であった。乗り心地に配慮したクルマになっていたものの、タクシーなどに使用されることを念頭に置いて耐久性があることが優先された。しかし、リスクを最小限に

イギリスのオースチン社との提携により1952年につくられたオースチンA40型の第1号車の完成を祝う式典。この生産のために、神奈川県の鶴見に大がかりな設備を整えた工場が建設された。

抑えるために、クラウン以外にも同じ1500ccエンジンを搭載したトヨペット・マスターというクルマを別に用意した。クラウンに比較すると乗り心地は良くないが、頑丈につくられていた。機構的に新しい試みをしているクラウンにトラブルが起こって評判を落とした場合に備えたものだった。

トヨタの乗用車専用設計による最初のクルマであるクラウンは、海外メーカーと提携したクルマが市販されるなかで登場したこともあって、国産愛好という心情にアピールして好評であった。当時の技術としてはむずかしかった乗り心地と耐久性を両立させ、タクシーとして使用するのに都合良くつくられていた。そのため、発売するとそれまでにないほどの売れ行きとなった。ようやくトヨタは乗用車メーカーとしての地歩を、このときに築くことができたのだった。そのため、マスターは1年ほどの寿命で終わった。それはトヨタにとっては良いことだったが、そのくらい慎重に行動するのがトヨタのやり方であった。ある程度の冒険はするものの、リスクは最小限に抑えるように努力するのがトヨタ流であった。

クラウンのライバルとしては、飛行機メーカーから戦後に転身を図って活躍していたプリンス自動車がスカイラインを出し、いすゞが提携してつくったヒルマンがあった。これらはクルマの出来そのものはクラウンよりも良かったといえるかもしれないが、トヨタは生産体制を確立させたうえに、販売体制でも遥かにしっかりした組織になっていた。新興メーカーのプリンスはクルマの開発に勢力を注いでも、生産体制や販売まで手がまわらずに、トヨタとは企業の組織力に大きな差があった。クルマの開発でのコスト

1955年に発売されたトヨペット・クラウン。最初の乗用車専用設計で、フロントの足まわりを独立懸架方式にして乗り心地を良くしていた。スタイルはアメリカ車風のテールフィンがわずかに付けられていた。

意識でも劣っていたので、商品としてトヨタに対抗するのは無理だった。それはいすゞも同じだった。

■日産の新型ダットサンの健闘

日産車で、クラウンと同じように販売を伸ばしたのは新型ダットサンだった。小型車のなかでは上級クラスであった1500ccのクラウンに対して、同じ1955年に発売された新型ダットサンは1000ccで中級クラスのクルマだった。日産では戦前からのダットサンではトラブルが多いことから、新型にする計画が早くから立てられたが、オースチンの国産化があり、1953年に自動車メーカーのなかで最大となる労働争議があったりして先送りされ、機構的に新しくなったダットサンが市販されたのは、クラウンと同じ時期になっていた。

トヨタはクラウン、日産はダットサンで、ともに販売の中心はタクシーであった。クラスの異なるクルマであったから、競合せずに仲良く乗用車部門で健闘した。期せずして、日産も日本の土壌にあったクルマづくりに成功し、国産化したオースチンではなく、ダットサンが日産のメイン車種になったのである。

日産ではオースチンとの契約が1960年で切れるので、その後継として車両サイズもエンジン排気量もクラウンと同じになるセドリックを開発した。トヨタでは、ダットサンのライバルとなるコロナを1957年7月に登場させて、メーカー間の乗用車の本格的な競争に入る時期を迎えた。まだトラックが生産台数ではるかに多かったが、乗用

ようやく戦前のモデルから新しくなったダットサン。計画はかなり前からあったが、遅れに遅れてクラウンと同じ時期の発売になった。エンジンが新しくなるのは2年後のこと。スタイルはヨーロッパ調だった。

車が自動車メーカーの主流になる時代が近づいていることが明瞭になった。

■新興メーカーの活動

このころの大きな変化としては、軽自動車の台頭とオート三輪メーカーの四輪部門への参入がある。

戦後につくられた小型車よりも小さい日本独特の規格である軽自動車は1951年8月に360cc以下のエンジン、全長3メートル以内という規定に改訂された。この段階で四輪車がつくられるようになった。最初のうちは町工場規模のメーカーがつくるヨーロッパのサイクルカーの域を出ないものだった。

そんななかで、中島飛行機を前身にする富士重工業の優れた技術陣が、大人4人が乗れて、水準以上の走行性能を持つスバル360をつくりあげたのは1958年3月のことだった。この時代のヨーロッパ車と比較しても優れた内容のクルマになっており、国産車の技術がかなりなレベルに達したことを証明した。それだけ海外からの情報やサンプルとなるクルマを取り寄せて研究することができる体制がつくられる時代になっていたのである。

スバル360は、純粋にオーナーカーであったから、タクシーなどの営業用が中心の時代である1960年代初めまでの販売は目立たなかったものの、次第に売り上げを伸ばし、価格の安いことからエントリー車種として実績を積んだ。軽自動車という枠のなかでも立派な自動車がつくれることが実証されて、軽自動車が日本で根付くきっ

1958年に市販されたスバル360。エンジン排気量360cc以下、全長3メートル以内という軽自動車の制限のなかで4人が比較的ゆったり乗れるクルマとして完成、その技術レベルの高さは世界的であった。このクルマの登場により軽自動車が日本で定着することになる。

かけとなった。これにより新規メーカーは軽から自動車に参入する道が開かれた。

同時に、戦後になって小口輸送機関としての三輪トラックが普及して一大勢力となっていた時代が終わろうとしていた。マツダ、ダイハツ、くろがねの戦前からのメーカーに加えて、航空機メーカーから転身した三菱水島、愛知機械などが参入し、1950年代の前半までは四輪車よりも生産台数が多かった。しかし、性能向上や荷台の拡大、そして乗り心地の向上などの要求に応えて高級化を図ると、装備も良くして価格が高くなり、本来持っていた経済性優先の思想がなおざりにされていった。

それを横目で見ていたトヨタでは、同じような価格で小型四輪トラックをつくり、三輪トラックからの乗り換え需要を促した。経済的な貧しさから脱しつつあるところで、三輪車の価格が引き上げられたいっぽうで、トヨタはトラックの価格を大幅に引き下げた。1950年代の終わりに三輪トラックと販売台数が逆転して、四輪トラックの優位が決定的となった。

もともとトップメーカーに水をあけられていた三輪トラックの下位メーカーは姿を消した。トップメーカーだったマツダとダイハツは、転身を図らざるを得なくなり、四輪メーカーとして生きることになった。三輪トラックの衰退は、日本が豊かになった証拠でもあった。そのことが、自動車メーカーの競争に拍車をかけることになった。

■日本の国民車構想の波紋

1960年代に入るころ、自動車業界にとって画期となることが重なった。

まずは、ダットサンよりも小さい大衆車が登場したことだ。トヨタからパブリカが、三菱重工業から三菱500が市販された。これらは個人オーナー向けであり、そのためにコストを抑えて開発されたものである。

いずれも、1955年に通産省が日本で自動車を普及させようとして打ち出した「国民車構想」に沿った開発であった。軽自動車よりも少し大きめのクルマを価格20万円程度で売ることで、日本でのクルマの普及を促そうという構想であった。自動車を持つことが、夢から現実味を帯びようとしていたときだったので、大きな関心を呼んだ。

この構想自体は、自動車工業会によって現実的でないと否定され構想だけに終わったが、トヨタはこれに刺激されて、コストを抑えてつくる乗用車のあり方を追求した。空冷水平対向2気筒エンジンというシンプルな機構にして、各部品も徹底して安く抑える開発が続けられた。

こうして市場投入されたのがパブリカである。クルマとしては豪華さに欠けるものであったが、サイズ的にも性能的にも、当時の国産車としては水準を超えたものに仕上がっていた。40万円程度とかなり格安な価格設定であったが、思ったほど販売が伸びなかった。まだオーナードライバーになる人が少なかったことと、貧相に見えたことが原因だった。この直後に登場した三菱重工業の最初の小型乗用車である三菱500も、成功とはいえなかった。

■競争の激化を懸念する通産省

多くのメーカーから相次いで乗用車が登場したのも1960年代初めのことである。日野はルノーに代わる自前の設計によるコンテッサを開発し、同じくいすゞはヒルマンに代わってベレルを出した。トヨタや日産、戦後参入のプリンスに加えて三菱、マツ

日本での戦後初となる大衆車のパブリカ。コストを抑え性能を重視したものだったが、簡素なつくりで評判にならなかった。このことが日本車の方向を決めることに影響を与えた。

ダ、ダイハツ、そしてスバルと多くのメーカーが四輪車を市販する状況がつくられた。

いずれも、競争に勝ち抜くために多額の投資をして新しく工場建設計画を実施に移した。設備にかける費用も大きかったから、どのメーカーも銀行から多額の融資を受けた。新しく出るモデルが成功することが前提で設備投資が実施され、競争が本格化した。

通産省は、こうした状況を憂慮した。国際競争力を付けるのに国内の競争がさまたげになると考えたからだ。このころには、造船を筆頭に電気製品や鉄鋼などの輸出が本格化しており、日本の保護貿易に対する国際的な反発が強くなり、乗用車の貿易自由化を求める海外の要求に応えなくてはならなくなっていた。

1960年代の高度経済成長は、1950年代の保護政策などにより経済復興をめざした成果が実ってきたものといえる。自動車業界は、まさに通産省が描いたように発展しつつあった。しかし、設備の過剰競争は、通産省の思惑を超えて、自動車メーカーが乱立状態になる傾向が強くなった。それを放置するわけにはいかないと思ったのだ。そのために新規参入メーカーの活動を規制する指導や法案を通産省が次々に用意した。

しかし、それらは自由競争の考えとは相容れないものだった。新規参入メーカーの反発を買い、結果として、国内メーカーによる競争は放任された。新規参入メーカーも含めて新しい乗用車が続々と登場するようになり、それが結果として日本車の進化の原動力となった。

日本の技術者たちは、このころになると経験を積んで海外メーカーのクルマづくりの状況を把握して、どのようにすれば品質で追いつくことができるか、技術的に何が欠けているかをつかんでいた。まだ学ばなくてはならないことも多かったが、追いかけている欧米メーカーの背中が見えてきたのである。

海外のクルマに対して優位性を持つことは無理としても、着実に一歩一歩進む努力をすることができた時代だった。1964年に開催された東京オリンピックが日本のインフラ整備を促した。未舗装路の舗装化も進み、高速道路建設計画も進められた。池田内閣の所得倍増計画も絵に描いた餅ではなく現実のものとなり、自動車を購入することができる層が増えてきていた。各メーカーは量産体制を整えて、車両価格を引き下げた。これに対して、所得が増える人が多くなった。日本の社会が変わっていく状況に連動して、国産車も大きく変貌しつつあった。1965年10月に乗用車の貿易自由化が実施されたが、日本の自動車メーカーへの影響はほとんどなかったのである。

■ブルーバードとコロナの販売合戦

そんななかで、T型フォードとシボレーの販売合戦と同じような競争が、日産のブルーバードとトヨタのコロナのあいだで展開され、当時BC戦争といわれて話題となった。ダットサンをモデルチェンジした日産の初代ブルーバードは1959年に発売され、ベストセラーカーといわれるほどの売れ行きを示した。

乗用車の販売台数が前年比で50％を超える勢いで増えていく時期で、自動車が普及する時代がやってきていた。ブルーバードは、その代表として日産の稼ぎ頭になり、他のメーカーの目標になっていた。そのライバルとして登場させたトヨタの2代目コロナは、機構的な冒険をしたこともあって耐久性がなく、販売で苦戦していた。大幅な改良を加えたものの、いったん定着した評価を覆すことは、販売に強いトヨタでも簡単なことではなかった。

日産でも、さらにブルーバードの優位を確かなものにするために、1963年9月に

2代目コロナ。ボディ剛性が不足し、前後のサスペンションが機構的に凝りすぎていたために華奢なクルマという印象を与えて販売が伸びず、ブルーバードの牙城を崩すことができなかった。

モデルチェンジを実施した。2代目となるブルーバードは、モノコックボディにして一段と充実した内容になっていた。スタイルが販売に大きく影響するという認識はどのメーカーにも共通しており、日本人デザイナーでは弱いと感じた日産の川又克二社長の意向で、イタリアのカロッツェリアにデザインを委託した。

出来上がったのはスマートですっきりしたスタイルであったが、当時の日本では重厚なムードの方が人気があった。日産のなかでも、このスタイルでは売れないのではないかという意見があったものの、センスがいいと評判のピニンファリーナによるデザインであることと、川又の意向であることから、懸念する声が大きくなることなく市販に移された。

評判の悪かった2代目コロナがモデルチェンジされて、内容もスタイルも一新されたのは2代目ブルーバード発売1年後の1964年9月だった。アメリカのデザインセンターに留学したり、イタリアに修業に行ったりしたトヨタのデザイナーたちが帰国して、このクルマのデザインに関わり、ダイナミックで重厚な感じのスタイルになった。

日本のユーザーが求めているスタイルを具現化し、弱いといわれた機構も一新していた。宣伝やキャンペーンも周到に準備された。

2代目ブルーバード。初代がベストセラーカーとなり、イタリアのカロッツェリアでデザインされ洗練されたものになったが、当時の日本ではあまり評判が良くなかった。

ブルーバードに対抗してつくられた3代目コロナ。重厚なスタイルにして性能的にバランスのとれた設計で成功した。デザインは日本人の手になる。

エンジンもブルーバードが1200ccだったのに対して1500ccとし、車両サイズもわずかではあったが大きくなっていた。シボレーがT型フォードを打ち破ったときの作戦と同じところがあった。

発売されたコロナはじわじわと販売台数を増やし、1965年1月にはついにブルーバードを上まわる販売台数の達成に成功した。

コロナに販売台数で負けたことは、日産にとっては手痛い敗退だった。セドリックはクラウンに及ばなかったから、乗用車でのトヨタとの差が決定的になったのである。川又社長も、トヨタが大衆車のパブリカを出したときも、価格の安いクルマを求めるユーザーにはブルーバードの中古車があるとして、ブルーバードよりも小さいクルマの開発案を退けていた。ブルーバードが日産の主力車種だったのだ。

しかし、アメリカへの輸出では日産の方が多く、日本での評判とは裏腹に2代目ブルーバードの販売は好調だった。その後も、モデルチェンジされたブルーバードはアメリカで引っ張りだこであり、さらにアメリカで人気の高いスポーツムードを持ったフェアレディZが投入されて、日産は1960年代では輸出実績でトップであった。もちろん、コロナに負けたとはいえ、国内でもブルーバードの販売が少なくなったわけではなく、高い水準を維持し続けた。

■大衆車サニーとカローラの登場

1966年はマイカー元年といわれた。サニーやカローラという大衆車が相次いで登場、日本でオーナードライバーが一気に増えた。これにより、日本の自動車生産では乗用車がトラックなどの商用車より多くなり、欧米の自動車メーカーと同じように乗用車中心で発展していくことになる。このときも、トヨタと日産は熾烈な販売合戦を展開した。

日産サニーに半年遅れて登場したカローラは、ライバルを蹴落とす作戦を最初からとっていた。サニーが1000ccである情報をつかむと、開発の途中でカローラのエンジンを1000ccから1100ccに急いで変更した。発売した最初のキャッチコピーは「プラス100ccの余裕」というもので、サニーよりも高級であることを印象づけた。サイズもわずかに大きくなっており、価格設定もわずかにカローラが上になっていた。

ブルーバードより一まわり小さいクルマをつくるべきだという提案を日産の役員たちがして、川又社長を粘り強く説得してサニーは日の目を見た。しかし、開発を許す条件としてコストをかけないことが厳命されたので、豪華な雰囲気にすることは不可能だった。その代わり軽量化に懸命に取り組んだので走行性能が良く、クルマの好きな人たちにサニーは好評だった。

このときに登場したカローラは、それまでトヨタが開発したクルマから学んだ教訓を十分に生かしたものになっていた。大衆車でも、見栄えが大切なこと、そこそこのスポーツ性を持つこと、全体のバランスがとれていることなど、万人に受け入れられるクルマにするコンセプトを具現化した。

生産体制でも、トヨタは日産とは比較にならない準備をしていた。

1966年に発売されたサニー1000。軽快に走るクルマとして若者に支持された。企画の段階では商用車がメインだったが、設計陣は最初からセダン中心につくり込んだ。

サニーの半年後に発売された初代カローラ。セミファストバックスタイルで大衆車でありながら豪華に見えるようにつくられていた。トヨタの60年代から70年代はじめの輸出でのメインとなった。

幅広いユーザーが見込めると予想して、このクルマのためだけの新しい工場を建設して、発売前から量産を開始していた。当初は月産1万台規模であったが、3万台生産できる体制になっていた。輸出を含め好評であることから、月産3万台体制になるのにそれほど時間がかからなかったのである。

日産では、川又社長の消極性を反映してサニーは月産2000～3000台規模でスタートしたから、1万台近く売れることが分かってから、あわてて増産体制を敷いた。そのために、あちこちの工場で分散してつくらざるを得なかった。生産効率でもトヨタに負けたのである。

カローラはトヨタの飛躍を確かなものにしたクルマであるばかりか、日本車が世界レベルに達したクルマとして、世界に輸出することに成功した。アメリカにおいてフォルクスワーゲンの牙城を崩すことに成功し、1969年に日産から輸出でもトップの座をトヨタが奪った。

その後、トヨタはコロナのモデルチェンジの際に、輸出を意識してサイズアップを図ったコロナマークⅡを誕生させた。これにより、パブリカ・カローラ・コロナ・マークⅡ・クラウンというラインアップを完成させて、1970年代を迎えることになる。スローンによるゼネラルモーターズのランク付けと同じ手法で、エンジンの大きさや車両サイズや価格など、上位車と重ならないよう周到に差別化が図られた。

日産でも、サニー・ブルーバード・ローレル・セドリックとあり、この二つのメーカーが日本の自動車産業を大きくリードした。

1960年代終わりには、日本の自動車生産台数は当時の西ドイツを抜き、アメリカに次いで2位となった。自動車の進化、生産体制といった技術面だけでなく、世界各国への輸出でも躍進、トヨタと日産は世界のトップメーカーの仲間入りを果たしたのであった。

■日本メーカーの成長の要因

日本のメーカーが急速に力を付けた要因は何だったのだろうか。

戦後すぐの段階で、アメリカ軍が日本にやってきたときにジープを初めとする車両のすばらしさ、効率性とその圧倒的な機動力などに、日本人は驚嘆するとともに、こんな物量の豊かな相手と戦ったのでは勝てるはずがなかったという思いを強くした。駐留軍人たちが乗りまわすアメリカ車の大きさ、豪華さにも驚いていた。こうした豊かさを手に入れようと、日本の自動車メーカーの技術者たちは必死にがんばったのだった。

これまで見てきたように、自動車メーカーとしての体力や技術力で圧倒的に差をつけられていた日本が、政府の保護政策で力を蓄える余裕を持てたことが成長の大きな要因のひとつになった。さらに、戦後は飛行機や兵器産業がなくなったので、優秀な技術者たちを自動車メーカーが雇うことができたこと、1960年代になって量産体制を敷く際に、最新式の設備にすることができたこと、古くから量産していたアメリカのメーカーの生産体制を手本にしながら、生産台数が少なくても対抗できるようにと、フレキシブルな生産体制をつくるアイディアを出し、それがトヨタのかんばん方式など具体的に成果を上げたこと、トヨタと日産を中心にしながらも、新規参入メーカーがあって競争が激しくなり、技術力を付けるように切磋琢磨したこと、そうした成果が上がる時期と日本経済が成長してクルマを購入できる中間層が大量に誕生したときと重なったこと、そして、輸出することで成長を続けることができたことなど、さまざまな相乗効果が図られたのだ。

車両の技術進化は、新モデルの開発競争が激しくなることで急速に進んだ。新モデルを出した時点で、それまでに獲得した成果を反映させてはいたものの、技術者たちはまだ欧米のそれに追いついていないことを知っていた。より良いものにするために常に努力を続けたのだ。

たとえばT型フォードを完成させたときに、ヘンリー・フォードはクルマとしての完成度が高いと確信したから、このクルマだけの量産に踏み切ることができた。同じように、アレック・イシゴニスは革新的なF車であるミニをつくったときに、長年にわたって追求した合理的なクルマがようやくできたと思った。フォルクスワーゲン・ビートルの場合も国民車のあるべき姿をかたちにした完成型であった。完成型として登場する新しいモデルを、改良することに熱心でないのが欧米の行き方であった。

これに引き換え、日本では新型として登場した場合も、開発技術者たちは、やり残したことがあるという意識を常に持っていた。したがって、発売すると同時に次期モデルの企画をスタートさせ、常に改良していこうとする意識が旺盛であった。あれほど売れた初代カローラも、4年足らずで全面改良しているが、ヨーロッパでは考えられないことであろう。ブルーバードでいえば初代ははしご型フレームであったが、2代目はモノコック構造になり、3代目は四輪独立懸架になった。1959年から4年ごとのモデルチェンジで、目に見えた進化が図られたのである。

日本車が強くなった背景には、トヨタや日産など戦時体制のなかでの活動と同等の必死さを、戦後もずっと続けたことがある。トヨタも日産も、企業に対する愛着と忠誠心を持った人たちが活動の中心となり、結束が強められていた。ワーカーホリックといわれて働き過ぎる世代といわれたが、戦時中の「ほしがりません、勝つまでは」から「豊かさを求めて」にスローガンが代わっても、仕事第一主義は不変であった。

日本車の強さは、品質が高いレベルで揃っていたことである。1960年代に入ってすぐに日産を初めとする主要メーカーは品質管理に真剣に取り組んだ。アメリカからデニング博士を招いて直接指導を受けて、TQCに取り組んで急速にレベルアップが図られた。欠陥のないクルマを生産ラインでつくることができれば、その後の検査の時間や仕上げ作業が節約できる。そのための見直しや改善が日常的に実施されることで、日本車の品質は高められていった。

トヨタのかんばん方式が、アメリカのマスプロ方式を凌ぐ優れた生産方式といわれているが、日常的な改善に次ぐ改善が、それを支えるとともに、品質を高めることにつながったのである。

こうした背景には、経済成長期の労働者が農村など国内の人たちでまかなわれたことも見逃せない。ヨーロッパでは、周辺各国からの出稼ぎ労働者を受け入れざるを得ず、アメリカを含めて人種や言葉などの問題が絡んでいた。その点、日本ではメーカーが大きくなるときにコミュニケーションや作業能力などの問題は発生しなかった。しかも、従業員は身内として利益が出ればその分け前にあずかることができる組織だった。企業としてのエネルギーをフルに発揮できる組織になっており、欧米にない強みがあった。

■1960年代の自動車メーカーの合併および提携

日本車が世界に羽ばたいた1960年代の後半になると、自動車メーカーの優劣が鮮明になった。そのため、提携や吸収合併などのメーカー再編が進められた。1960年に始まった設備投資による生産台数を計画通りに実行できないところは、独立メーカーとして歩むことができなくなったのだ。

トヨタと日産という巨大なメーカーが君臨している日本では、その一角にくさびを打ち込んで生き残るには、特徴を出さなくてはならなかった。1965年の時点で、トヨタは自動車生産台数で全体の34%ほど、日産は25%近くであった。このときに3位となっている東洋工業は12%に届かなかった。そのために、マツダはロータリーエンジンの開発に力を入れ、ホンダはスポーツ性と空冷エンジンの開発にのめり込んだ。プリンスは、アメリカ車のような高級感を出すことで差別化を図ろうとした。しかし、軽自動車をのぞくすべてのクラスのクルマを揃えるトヨタと日産に対抗するのは容易ではなかった。

月産1万台を計画して新しく工場を建設したプリンスは、その達成がむずかしいこともあって、1966年に日産と合併する道を選択した。技術を優先して、一台当たりの利益が低いことも経営を苦しくしていた。

マツダとともに三輪トラックから四輪部門に転身したダイハツも、メーカーとしての特徴を出すのに苦労し、それがうまく行きそうもないことで、トヨタと提携する道を選択した。そのために、トヨタと競合しない軽自動車を中心としたメーカーにならざるを得なかった。

ルノー4CVに学んで自社開発した乗用車のコンテッサが成功しなかった日野自動車も、小型車のための新しい工場の設備を遊ばせることができないのでトヨタと提携した。その条件は、小型車部門からの撤退であった。小型車用につくられた工場でトヨタ車を生産することになり、従来からの中大型トラック・バスを中心とするメーカーにもどったのである。

いすゞや富士重工も、成功したといえなかったから、提携先を探した。結局は、いすゞはゼネラルモーターズとの提携を選び、富士重工業は日産と提携した。三菱財閥をバックにした三菱も自動車部門は赤字であり、クライスラーと提携することになった。1970年に自動車の資本が自由化されたときのことであった。

マツダの東洋工業は、1960年代はロータリーエンジンが成功してイメージアップを図ることができたが、1970年代になって燃費の悪さで販売不振に陥り、1980

1967年に登場したロータリーエンジン搭載のコスモスポーツ。東洋工業はトヨタや日産にないものとしてロータリーエンジンの開発に力を入れて独自性を出そうとした。

年代に入ってからフォードと提携している。

1960年代に限っていえば、二輪車メーカーとして世界一になったホンダも、四輪部門では軽自動車のN360で成功したものの、欠陥車問題で裁判に持ち込まれてイメージを落とし、小型車部門では空冷エンジン車で失敗して、前途多難を思わせていた。

■自動車の普及による環境の悪化

1960年代後半には東名や名神などの高速道路が開通し、自動車での長距離走行が日本でも現実のものとなった。1960年代初頭では、時速100キロを出すことさえ不可能なクルマだったが、高速道路をゆうゆうと走るクルマに進化していた。

1964年に開通した東海道新幹線は、人間の輸送を優先したものだった。当時の国鉄は効率的な輸送体制を構築することができずに、貨物などの輸送はトラックにシフトしていった。鉄道はエネルギー効率に優れ長距離大量輸送に適したものだったにもかかわらず、物流の主役の座を自動車に譲ってしまった。その後、何度かモーダルシフトというかけ声が起こったが、大きな変化はないままである。

クルマが普及するにつれて、都市部では渋滞が日常化した。東京では、自動車が普及する前に路面電車が網の目のように張り巡らされて、人々の足となっていた。そこに自動車がたくさん走るようになり、路面電車も渋滞によりスムーズに走れなくなった。自動車を優先させることが決定され、路面電車は次々と撤廃された。替わって登場したのが地下鉄である。

地方でもクルマを持つ人が増えると、ローカル鉄道やバス路線の利用が減った。経営が成り立たなくなったところは廃止されたので、ますますクルマが必要となった。都市部ではクルマが普及する前にインフラが整備されていたが、地方ではクルマが増えることで、クルマがないと生活そのものが不便きわまりないものとなった。経済的な軽自動車がシェアを伸ばしているのは、こうした背景があるからだ。

■日本独自のクルマの誕生

日本車と欧米のクルマとの違いが明瞭になるのは、トヨタのカローラのヒットによるところが大きい。これが日本車のひとつの完成形として、世界中で受け入れられるクルマとなった最初である。トヨタ自身も、このクルマにたどり着くまでに多くの経験を積んでいた。

トヨタの最初の大衆車はパブリカであるが、これは必ずしも成功作ではなかった。コスト削減を図りながら走行性能の良さをしっかりと持っていた。しかし、クルマを個人で所有することは、日本ではクルマの利便性を享受することよりも、豊かさを実感するシンボルとしての意味が強かった。そのために、豪華さに欠けるパブリカは販売が伸びなかった。

もう一つのトヨタの反省点は、ブルーバードの本格的なライバルとして登場した2代目コロナのシャシー機構が凝りすぎた設計になっていたことだ。それが裏目に出て品質的に弱いクルマとなり販売が伸び悩んだ。新しい技術に果敢に挑戦するのはリスクが大きいことだとして、それ以来、新しい技術の採用にトヨタは慎重になった。

カローラは、過去のクルマ開発に学んで、反省すべきところをしっかりと反省し開発が進められた。市場に受け入れられるものにすることが第一であった。トヨタの経営トップの方針が明確になっていて、開発技術者たちがそれに忠実にしたがう体制がつくられたのだ。

1968年には、日本の国民総生産(GNP)は当時の西ドイツを抜いて世界2位となった。経済大国になり、先進国の仲間入りを果たした。自動車産業は、繊維や鉄鋼、電機などに遅れて、日本の基幹産業となった。安定した成長を示す企業では、終身雇用が保証され、毎年のように賃金が増えていくのは当たり前になり、クルマを所有することに無理がなくなった。

そうしたなかで、さらに豊かさを実感するために、モデルチェンジの際に、車両サイズもエンジン排気量も大きくなり、豪華になっていた。ヨーロッパと同じように石油を輸入に頼る日本では、燃費の良いクルマにすることが求められたものの、ヨーロッパに見られる合理性は、日本では優先順位が高くならなかった。

運転席に座ったときに、豪華さを実感できるように、トヨタ車はメーターパネルのデザインに力を入れ、シートも座り心地の良いものにする配慮がなされていた。ヨーロッパ車は、必要な情報をドライバーに知らせるのがメーターの役目だったから、大衆車はシンプルに仕上げられ、シートも高速で走ったときや長距離走行で疲れないようにつくられ、乗り込んだときのクッション性は二の次になっているものが多かった。

1960年代の日本車は、水平対向エンジンを搭載するフロントエンジン・フロントドライブ(FF)のスバル1000以外は、ほとんどアメリカ車と同じフロントエンジン・リアドライブ(FR)方式であった。大衆車であるカローラやサニーでも、ミニのようにFF方式になるのは、1980年代

1964年に名神高速道の一部が開通。続いて東名自動車道が開通した。その後、高速道路は延長されて各地に広がっていった。日本では自動車の普及につれて物流でもトラックに依存する率が高まり、高速道路もトラックが多く見られるようになった。

になってからのことである。それだけ、1970年代までのトヨタや日産のクルマは保守的な機構であり、そのなかでクルマとしての特徴や個性を出す競争であった。

1963年に自動車メーカーを巻き込んだグランプリレースが開催され、高速道路が開通することで、日本でもスポーツカーや高性能セダンがつくられるようになり、一時的に人気を得た。メーカーのイメージアップにつながったものの、それらの販売が増えることはなかった。一時の熱狂が冷めると、スポーツカーの開発に熱心ではなくなるところが多かった。

1970年にセダンとは異なるカテゴリーのクルマとして、トヨタではセリカを市場に投入した。1964年にフォードで出したムスタングの日本版であり、スペシャリティカーといわれて、スタイルがスポーティであることが受けた。機構そのものは、セダンとあまり変わらず、スポーツ性はあくまでもムードとしてのものであった。

日本のメーカーは国内で販売を伸ばし、輸出にも熱心であったから、1970年代に入ってからも成長を続けていったのであった。

第六章　1970年代からの自動車メーカーと成長の限界

■限りある資源と成長の限界

1970年代に入って、自動車産業は大きなターニングポイントを迎えた。それまでの延長線上で成長が続くものでないことが明らかになったのである。

それを象徴するように、1970年3月にスイス法人として設立されたローマクラブが「人類の危機」レポートを翌71年に発表した。そのタイトルは「成長の限界」であり、先進国の人々が少しずつ感じ始めていた将来に対する警鐘が鳴らされたのであった。ローマクラブは世界各国の科学者や経済学者、教育者や企業経営者などが会員になった民間組織で、人類の生存に対する危機が現実のものになるのを回避することをめざして設立された。このままのペースで天然資源を使用し続ければ枯渇化を招き、公害による環境汚染が進むこと、さらに、発展途上国の爆発的な人口増加の問題、冷戦による軍事技術の進歩による破壊力の脅威などに懸念を示した。この活動は現在も続けられており、さまざまなデータを発表している。

産業革命以来、重工業中心に産業構造をシフトしてきた先進国は、科学技術の発展による恩恵で、豊かさを増して快適な生活を送ることができるようになった。それを維持するために莫大なエネルギーを消費し、その使用量は幾何級数的に増大していた。

地球上の資源には限りがあり、このまま成長を続けることなどできるはずがない。やがて成長は限界点に達し、制御不能による混乱を招く可能性があるというアピールだった。持続可能で安定的な生活を送るように、将来のグランドデザインについて検討し、それを実行に移すべきだという警告であった。

研究の対象になっているのは、人口、食料生産、工業化、汚染、天然資源の消費の五つであった。ローマクラブによるこのアピールは今から40年近く前に出されたものだが、依然として現在でも大きな問題として我々の前に突きつけられている。

■オイルショックの到来

1970年は、アメリカの石油産出が減産に転じた年であった。このことは、かなり前から予想できたことで、自国の石油でまかなえないことは、アメリカにとっては大きな問題だった。中東諸国からの石油の調達によって国際的な紛争や産油国の事情に左右される不安定さを懸念して、アメリカ連邦政府は、省エネルギー政策を打ち出した。

1971年にゼネラルモーターズは、エネルギー対策チームを立ち上げ、これまで優先順位の低かった燃費の良いクルマの開発計画を立てた。1973年4月にフルサイズのクルマのダウンサイジングをスタートさせ、1977年モデルから実施するとした。

その準備を始めようとしていた1973年秋に、中東戦争によるオイルショックが勃発した。それまで経験したことのない石油価格の高騰が、人々の生活を直撃した。アメリカがイスラエルを支持したことに反発して、アラブ諸国がアメリカへの石油禁輸措置をとったことで、アメリカはパニックに襲われたのである。石油スタンドにクルマが行列する姿がニュースで映し出され、その深刻さが世界に流された。クルマがなくては生活できないことから不安が広まり、ガソリンをがぶ飲みするクルマになっていたアメリカ車が敬遠され、燃費の良い日本車が人気となった。これをきっかけにして、アメリカ連邦政府も燃費規制を打ち出すことになる。燃料が安いことを前提にしたクルマづくりが行き詰まり、アメリカのメーカーも方向転換を図らざるを得ない状況になった。

燃費を良くするには、車両サイズを小さくするなど、新しいモデルに切り替える必要がある。そのための開発に時間がかかるうえに膨大な経費がかかる。フルサイズのクルマを得意としたアメリカのメーカーは、燃費の良いクルマの開発という新しい課題に挑まなくてはならなかった。それはゼネラルモーターズが計画した程度のダウンサイジングでは済まないものだった。

■排気規制という足かせの実施

自動車メーカーを襲ったもうひとつの大きな問題は排気規制の実施であった。都市部での渋滞が慢性化しており、大気の汚染を放置しておくことができないと、いわゆるマスキー法が1970年に成立し、1973年から実施されることになった。クルマから排出される有害物質の量を少なくすることをメーカーに義務づける法律である。

自動車メーカーが実行できるかどうかではなく、汚染を防ぐことが優先される考えにつらぬかれた法案であり、提案したマスキー上院議員の名前がつけられた。その内容は、一酸化炭素、炭化水素、窒素酸化物をそれぞれ1970年時点の10分の1まで減少させるものだった。

自動車メーカーが思ってもいない厳しい規制であった。一酸化炭素と炭化水素は供給された燃料をきちんと燃やすことよって減少させるもので、そのためにはエンジン内の混合気を完全燃焼させる必要があるが、そうなると燃焼温度が上昇して窒素酸化物は増える傾向になる。こちらは還元しなくてはならないから、相反する課題に取り組むことになり、どちらも減らすことは技術的に大変な難問であった。

自動車メーカーは、規制の先送りや数値の緩和などの措置をとるように要請し、アメリカ環境保護局（EPA）と交渉を続けた。しかし、ニクソン大統領はこの規制を支持し、環境保護局も譲ろうとしなかった。この交渉の最中にオイルショックが起こったのである。

結果として、アメリカでは窒素酸化物の規制の実施時期は先送りされたが、この規制をクリアするためには、石油メーカーや部品メーカーを巻き込んで対策しなくてはならないものだった。燃費の良いクルマをつくらなくてはならないところに、排気規制という足かせが課せられて、アメリカのメーカーは繁栄を謳歌するどころではなくなったのである。

■日本における厳しい排気規制

排気規制は、日本でもアメリカとほぼ同時期に実施されることになった。1970年に日本でも新しく環境庁が設置され、公害問題に積極的に取り組む姿勢を示した。この年に東京杉並の高校で光化学スモッグによる被害が報告されるなど、自動車の排気による公害が深刻になっている印象があった。

環境庁は、アメリカの規制をほぼそのまま日本に当てはめる規制の実施を発表した。メーカーの団体である自動車工業会は、規制の先延ばしと緩和を要請して交渉が続けられた。環境省がわずかに妥協したものの、結果として1975年から段階的に実施され、77年までに計画どおりに規制することが決められた。自動車メーカー側が押し切られたのである。

アメリカではオイルショックがあったことで、窒素酸化物の規制が緩和されたものの、日本では規制がゆるめられず、世界でもっとも厳しい排気規制が実施されることになった。自動車メーカーにとっても、解決の見通しがつかない技術的な課題で、各メーカーとも生き残りをかけた必死の挑戦を開始せざるを得なかった。排気対策に取り組むには、各種のデータを採集するための装置やエンジンの燃焼解析、内燃機関に代わるエンジンの検討など、かなりな人員と設備が必要であった。

1960年代に成長していた日本のメーカーは、排気対策に経費と人材をつぎ込むことができるまで大きくなっていた。もし日本のモータリゼーションの発展が遅れていたら、排気対策に真っ向から取り組むことができなかったかもしれない。なお、ヨーロッパでは1980年代に入ってから規制が実施された。

■ホンダのマスキー法クリアいちばん乗り

意外にも、最初にアメリカの厳しい排気規制をクリアしたのはホンダ、次はマツダであった。アメリカのメーカーや日本のトヨタ・日産を出し抜いての快挙であった。

ホンダは、本田宗一郎社長の音頭取りで排気対策に率先して取り組んだ。自動車メーカーとして立ち後れていたものの、排気対策にめどをつければ世界的に優

排気規制をクリアするための研究開発には独自にデータをとるなどのために新しい装置や設備、さらには騒音が外部に漏れないような建家の建設も含めて、相当の投資をしなくてはならなかった。

位に立てるチャンスであると体制を強化した。それまで一輪のレースやF1レースに取り組んだタスクフォースチーム体制が、そのまま排気対策チームとして活動した。ホンダが取り組んだのはディーゼルエンジンと同じような副燃焼室を持ったエンジンで、どのメーカーもやっていない試みであった。混合比などをピンポイントでうまく調整して対策するもので、世界で最初にマスキー法をクリアして話題となった。CVCCエンジンと名付けられたものだ。

アメリカの環境保護局も、ゼネラルモーターズやフォードがクリアするのがむずかしいと主張している時期に、ホンダがクリアしたことで、排気規制の正当性をアピールすることができた。

実際には、CVCCでは、個々のエンジンで微妙な調整をしなくてはならず、最終的には排気規制の決定版とはならないシステムだった。しかし、どのメーカーもクリアの目途が立っていない時期のことだったので、ホンダのイメージアップに大いに貢献した。

マツダは、世界で最初にロータリーエンジンの実用化に成功を収めたメーカーとして、1960年代の終わりには、トヨタと日産に次ぐメーカーとしての地位を獲得していた。もともとロータリーエンジンは窒素酸化物の発生量が少ないエンジン特性があり、一酸化炭素と炭化水素を一括して削減する対策に取り組んだ。燃焼室内で減らすことが不可能なので、排出されたガスを大気中に放出する前に再燃焼することで減少させた。このサーマルリアクター方式は、エネルギーを含んでいるガスを無駄に燃やすことになるから燃費は悪化するが、とりあえずは排気規制をクリアするエンジンとなった。

トヨタや日産でも、排気対策のひとつとしてロータリーエンジンの実用化に取り組んだ。しかし、マツダが実用化する過程でさまざまな特許を取得しており、それを避けて実用化するのはむずかしかった。マツダにしてみれば、排気問題が出る前から積極的に取り組んだもので、他のメーカーに特許の使用を認める意志はなかった。トヨタはロータリーエンジンをあきらめたが、ゼネラルモーターズと日産は熱心にロータリーエンジンの開発を進め、ロータリーエンジンの生産ラインを整えるところまで進んでいた。

日米の両メーカーがロータリーエンジンの実用化を中止したのは、オイルショックが起こったからだった。ロータリーエンジンは、もっとも燃費の悪いエンジンとして敬遠されたのだ。ロータリーエンジンを主力にして、他のメーカーにない特色を出すことに成功していたマツダは、オイルショックにより一転してロータリーエンジンの評判が落ちたことで苦境に立たされた。

■排気規制とエンジンの電子制御化

トヨタと日産は、多くの車種を持ち、エンジンも多種類にわたっていたので、排気対策には大変な苦労がともなった。対策を始めたころは、電気自動車やガスタービンといった動力まで検討したものの、従来からのガソリンエンジンの改良と触媒の装着でめどをつける方向を見いだしていた。

小さいクルマのエンジンでは、コストを抑えながらの開発になるが、エンジンが小さい分だけ対策しやすい面があった。しかし、2000ccクラスのエンジンになるとそうはいかなかった。

酸化と還元を同時にできる三元触媒の装着しかなかった。ただし、触媒の機能を発揮させるには、空気と燃料の混合比を一定に保つ必要があり、こうした精密な技術開発は容易なことではなかった。

気化器は機械的に燃料と空気を混合するものなので、電子制御化によるコスト上昇に見合う性能向上を図ることがむずかしかった。それに代わる電子制御燃料供給装置が導入された。燃料の供給量をきめ細かくコントロールするシステムである。吸入空気量を正確に計測して、それに見合った燃料を供給するシステムの構築がなされた。その制御を確実にするためには排気管に酸素センサーを設置して、意図する混合気になっているかモニターして、フィードバック制御することが必要だった。

三元触媒および電子制御システムは欧米で開発したものだったが、排気規制クリアのために日本のメーカーはその実用化を真っ先に図らなくてはならなかった。

トヨタと日産は血のにじむような苦労をしながら、クラウンやセドリックで三元触媒を使用したエンジンにして、1978年のもっとも厳しい排気規制をクリアした。この後は、電子制御式燃料噴射装置と三元触媒の組み合わせが、規制をクリアできるシステムとして定着し、排気対策にめどがつけられて1980年代に突入することができた。

この技術的な難題をブレークスルーしたことは、エンジンの技術進化を一段と促進させる契機になった。従来は、エンジン出力をあげるためには燃費が悪化するのは避けられないものであったが、空気と燃料の割合などを電子制御することで、きめ細かい運転条件の設定が可能となり、無駄な燃料消費が避けられた。その結果、燃費を良くしながら出力を向上させる道が開かれたのである。排気規制をクリアするための、火事場のバカ力ともいうべき技術進化が、その後のエンジン進化を加速させることになったのだ。日本のメーカーがエンジン技術で世界の最先端を行くことを可能にしたのは、厳しい排気規制のおかげでもあった。

しかしながら、排気規制をクリアした直後のモデルは、燃費が悪化したうえに性能もダウンするものだった。1970年代は、クルマの高性能化を望めない時代であり、技術進化をユーザーが実感できる時代ではなかった。

■オイルショックと日本の自動車メーカー

日本ではローマクラブの「成長の限界」は、あまり話題にならなかった。1970年に大阪万国博覧会が賑やかに開催され、好景気が持続する印象があった。自動車の公害問題が話題になったものの、ユーザーにとってクルマは依然として豊かさを実感させるものであった。

１９７０年代に入って登場するニューモデルも車両サイズが大きくなり、装備も充実したものになっていた。高速道路の整備も進んだ。１９７２年に登場した田中角栄首相は「列島改造論」をぶち上げた。結果として、これは土地価格の上昇を招くことになったが、舗装路は増え、クルマの普及を促進させた。海外旅行も夢ではなくなり、高度成長は依然として続いていくという風潮だった。

そんななかで起こった１９７３年の第１次オイルショックは、日本でも成長に大きくブレーキをかける出来事だった。予想もしなかった事態で、好調に推移してきた国内の自動車販売も初めて落ち込み、各メーカーとも減産せざるを得なかった。原材料も不足し、資材の値上がりによりコスト増が生じた。

石油を海外からの輸入に依存する日本の弱さが露呈した。アメリカの政策を支持する日本は、原油の輸入確保の見通しを立てづらかった。あわてた日本政府は、マイカー使用規制などの石油消費抑制策を打ち出した。メーカー側も従来からの4年ごとのモデルチェンジを一部見直し、毎年開催されていた東京モーターショーの隔年ごとの開催などを決めた。

石油供給は１９７４年3月になると量的な確保のめどが立ったものの、同年の上半期は前年比で初めて国内販売がマイナスとなった。しかし、１９７４年の下

1972年10月開催の東京モーターショー。安全や公害問題が話題となり、1960年代のような華やかなショーモデルは少なくなった。それでも120万人を越える入場者を記録。翌73年までは毎年開かれたが、その後は隔年ごとになった。

半期には販売は回復した。日本は一時的にパニックに陥ったものの、「喉もと過ぎれば熱さを忘れる」のたとえどおり、再び成長路線をとったのである。オイルショック後に発表されたクルマも、依然として豪華になる傾向を示した。

オイルショックを契機にして、それまでの行き方を見直して成果を上げたのはトヨタだった。オイルショックのような減産を余儀なくさせる事態は、いつでも起こりうるという前提に立って、稼働率8割程度でも採算が取れる生産体制づくりに取り組んだ。車両の目標原価も見直してコストダウンを図った。ひとつひとつの部品のつくり方に無駄がないか、具体的な目標を掲げて部品メーカーと協力して原価低減を徹底させたのだ。日産でも、同様にコスト削減をめざしたが、トヨタのように具体的な目標を決めて達成を図るという方式ではなかったので、トヨタほど徹底したものにはならなかった。

逆境を利用して、企業として強くなろうとするトヨタの姿勢は、他のメーカーよりも利益を生み出す体質となった。借金に苦労し、倒産寸前まで追いつめられた経験を持ち、それを生かそうとする企業の反発力の強さがあった。朝鮮戦争による特需で立ち直ってからのトヨタは、財務状況を良くすることが経営の大きな柱となり、絶え間なく努力を続けた。その結果、1970年代の後半には、借入金ゼロの企業になり、それ以降はひたすら余剰金の蓄積を図り、トヨタ銀行といわれるほど資金運用も含めて健全経営を貫いた。

■変化の兆し・ホンダシビックの登場

オイルショックによるマイナスの影響をもっとも受けた日本のメーカーが東洋工業(現マツダ)だった。トヨタや日産にないクルマとしてロータリーエンジン車を前面に打ち出し成功していたのだが、燃費の悪いクルマとして、まずアメリカでそっぽを向かれてしまった。日本国内でも販売が落ち込んだ。その結果、ロータリーエンジンはスポーツカーなど一部の車種に限定するという方向転換を図らざるを得なかった。東洋工業は、1970年代終わりころまで苦しんだ。

これに対して、1970年代にシェアを伸ばしたのがホンダと三菱だった。トヨタや日産の保守的なクルマづくりに風穴をあけることができたからだ。主役のメーカーの行き方と異なる、時代の変化に対応したクルマを登場させたのである。

ホンダは、1972年に発売したシビックで本格的な四輪乗用車部門への参入を果たした。1963年以来ホンダS500から始まるスポーツカーや空冷エンジンの高性能車であるホンダ1300、さらには軽自動車のホンダN360やライフなどを投入し、その総決算ともいうべきクルマがシビックで、トヨタや日産にない合理的な設計のクルマであった。1959年にオースチン・ミニが切り開き、1969年にフィアット128が完成させたフロントエンジン・フロントドライブ(FF)というヨーロッパ風の機構を持つ、実用的でかつ個性的なクルマという印象があった。

ホンダは、アメリカのメーカーが不可能と言っていたマスキー法を世界で最初にクリアしたメーカーであり、1964年から5年間F1レースに挑戦した実績をもっていた。トヨタや日産にない魅力的なイメージがあった。実質的で合理的なシビックの発売は、高性能志向一辺倒のメーカーからの転換であったが、ホンダに対する期待は依然として高かったのだ。

燃費の良いクルマであったシビックは、発売の1年後に起こったオイルショックが追い風となった。原材料の高騰で、どのメーカーも車両価格を引き上げたときに、ホンダ

ヨーロッパで主流になりつつあったエンジン横置きのFF車というレイアウトで登場したホンダ・シビック。トヨタや日産のクルマと異なるイメージで人気となった。

は当分価格を据え置くと宣言し、売り上げを伸ばした。

ＦＦ車としてはホンダよりも6年前に出した富士重工業のスバル１０００の先進性は、日本ではあまり理解されないうえに、富士重工業自身も、その理解を広める努力に熱心でなかった。しかも、１９７１年にモデルチェンジされた後継モデルのレオーネは、ＦＦ車の持っている利点を前面に出さないコンセプトで登場した。このころに登場したサニー用エンジンを搭載するＦＦ車の日産チェリーも、日産系の販売店ではなく、プリンス系販売店用の小型車という受け取り方をされて、新鮮なイメージのクルマとは受け取られなかった。

ホンダ・シビックが、新鮮に見えるお膳立てができていたのだ。ホンダは、１９６０年代の初めから欧米にオートバイを輸出して経営基盤を築いており、シビックは最初から輸出に力を入れた。オイルショックが起こると、アメリカでの販売が増えた。大衆車でありながら、クラスレスのイメージを持つ経済車であることが強みになった。１９７６年にはシビックの兄貴分となるアコードを投入、ホンダは四輪部門で確固とした地位を築いた。

ＦＦ車としてシビックに次いで成功したのが１９７８年に登場した三菱ミラージュである。ヨーロッパで見られるしゃれたハッチバック車で、日本車らしからぬ新鮮さがあった。サニーやカローラと同じクラスのクルマとして登場したランサーのパワーユニットを流用して、魅力的なＦＦ車に仕立て上げていた。ミラージュは、ＦＦ大衆車のトップの地位をシビックから奪う勢いであった。

このあとに、ＦＦ車として成功したのが、モデルチェンジでいち早くＦＲからＦＦに転換したマツダファミリアであった。大衆車がＦＦ化するのは世界的な傾向になりつつあったの

1978年に登場した三菱ミラージュは、シビックに次ぐエンジン横置きのFF車。ハッチバックスタイルで、日本では時代の変化を先取りしたものであった。

に、トヨタと日産が敏感に反応しなかったのは、設備投資が莫大になることや排気規制に勢力をとられていたからであった。

■アメリカにおける燃費規制の実施

燃費性能に優れた日本車がアメリカへの輸出を伸ばしたのは、ゼネラルモーターズを初めとするビッグスリーが、魅力的なコンパクトカーを出すことに成功しなかったからである。

オイルショックにより1978年からアメリカでは自動車の燃費規制が実施された。規制は二種類あった。そのうちもっとも重要なのは、自動車メーカーごとに販売するクルマの総量の平均値により燃費基準を決め、それを達成できない場合は多額の罰金を課すという企業平均燃費規制（CAFE）と呼ばれるものだった。毎年その基準値を引き上げていき、燃費の改善をメーカーに促すものであった。

CAFEの実施初年度に当たる1978年には平均してリッターあたり7・65キロという燃費をクリアする必要があり、1985年にはリッターあたり11・69キロという燃費規制になる。

もうひとつの燃費規制はガスガズラーといわれる大食い車に対して燃費基準を設定して、それより悪ければ一台ごとに罰金を課すものである。リッターあたりに換算して9・14キロより燃費の悪いクルマは、最低1000ドルの課徴金となり、段階的にその額が引き上げられ、リッターあたり5・31キロ以下の場合は7000ドルの課徴金となる。

アメリカ車は、スタンダードと呼ばれたフルサイズ、インターミディエイト、コンパクトカー、サブコンパクトカーというクラス分けがあり、コンパクトカーが日本車のクラウンやセドリックに当たる大きさだった。フルサイズは全長5・5メートルを超え、インターミディエイトも5メートル以上の大きさだった。

ダウンサイズするにあたり、サイズのわりに室内を大きくすることができるFF方式に全面転換すると宣言したのがゼネラルモーターズであった。

利益が大きいフルサイズを優先したクルマづくりは過去のものとなり、ヨーロッパや日本のクルマと同じような方向に進む必要があったのだ。モデルチェンジを実施するためにかかる開発費用や設備投資は膨大なものになる。株主への配当を優先していたゼネラルモーターズは、経常収支をよくすることが経営トップの重要な任務であったために、一時に多額の投資をするのは好ましいことではなかったが、そんなことを言っていられない状況になった。

■ゼネラルモーターズのコンパクトカー開発の経緯

コンパクトカーの開発では失敗作となったコルベアは、1969年に生産が打ち切られた。ゼネラルモーターズはこれに代わって無難なFR方式のベガを1970年に登場させた。2500ccエンジンを搭載し、ベガのために、オハイオ州に専用工場が建設された。1971年には40万台近い生産台数になったが、その後に車両の欠陥でリコールが発生し評判を落とした。

スモールカーとして導入された1600ccのシェベットは傘下のオペルが開発したワールドカーの先駆けとなるクルマで、1976年9月に登場する。これはTカーと呼ばれ、ゼネラルモーターズのなかでは成功したクルマだった。

コンパクトカーとしてCAFEの実施に対応してダウンサイジングを図り、FF方式として最初に投入されたのが、80年型のいわゆるXカーと呼ばれるクルマであった。直列4気筒2500ccとV型6気筒2800ccエンジンを用意、ゼネラルモーターズの販売網であるシボレー、オールズモビル、ポンティアック、ビュイックのブランド名をそれぞれ付けられて販売された。当初はヒットしたが、またしても欠陥が出てリコールを繰り返して販売は伸び悩んだ。多額の投資をして日本車に対抗する目標は達成することができなかった。

1982年にゼネラルモーターズの持つ世界の販売網を利用した世界戦略車としてJカーが投入された。これもドイツのオペルで開発されたクルマで、アメリカ国内だけでなく、ドイツ・オペル、イギリス・ボクゾール、日本のいすゞ、オーストラリア・GMホールデンで生産された。これもアメリカでの販売は成功したものの、ワールドカーとしてのコスト削減などで成功したとはいえなかった。品質でも日本車に追いついていかなかった。

この後のゼネラルモーターズの乗用車は、すべて横置きエンジンのFF車となり、ダウンサイジングが図られた。アメリカのメーカーも小型化に真剣に取り組まざるを得なかったのである。

1973年のオイルショックが収まって、石油の価格が安定してきたと思えた1979年に反米的なイラン革命が起こり、アメリカは再び石油危機に見舞われた。石油価格の上昇でクルマは売れなくなった。燃費規制をクリアするために、設備投資に多額の費用を計上している最中のことで、ビッグスリーは経営難に陥るほどのひどさだった。とくに経営基盤が弱かったクライスラーは倒産の危機となり、政府の融資で切り抜けざるを得ない状況になった。ゼネラルモーターズも1929年の世界恐慌以来となる赤字に転落した。フォードも三期連続の赤字になった。このときも自動車メーカー

1960年代のコルベアより一まわり小さいサブコンパクトカーとして1976年に登場したシボレー・シェベット。ワールドカーの先駆けとなるクルマであった。

の危機といわれたが、その後、景気が回復するにつれて業績は好転した。

1980年代の後半の大きな動きとしては、ゼネラルモーターズのサターン計画がある。宇宙開発と同じ名称の新しいプロジェクトは日本車に真っ向から対抗するものであり、もっとも力が入れられた。日本の小型車と同じサイズの新しいセダンを開発し、生産工場も日本方式を取り入れ最新鋭の設備にしたものであった。もちろん、FF方式として軽量化も図られていた。発売されたのは1990年になってからであったが、当初は好調な売れ行きを示した。しかし、その後はセダンに力をいれなくなり影が薄くなった。

■規制緩和による再びのアメリカ車の大型化

1980年代に入ってからは、ユーザーのセダン離れが進んだのだ。フォードではセダンよりもピックアップトラックのほうが販売を伸ばした。アメリカではクルマに大きな荷物を積むことが多く、かつてはステーションワゴンが人気となったが、乗用車感覚で乗れるピックアップトラックは商用車でありながら、使い方はセダンやワゴンと同じであった。

こうした流れのなかで1983年にクライスラーのミニバンが登場した。車両サイズはそれほど大きくないものの、FF方式にしてスペース効率を高め、ホイールベースを長くして背の高いボディにすることで室内空間を広くとったクルマになっていた。フロアがフラットになって商用車扱いだったから燃費規制もゆるやかだった。

クライスラーは1981年にダウンサイズを図ったFF方式のKカーが話題となり、次いでミニバンがヒットして経営が回復した。このミニバンは、社長のフォード二世と対立してフォードからクライスラーに移籍したアイアコッカが主導してつくりあげたものであった。アイアコッカは、クライスラーの救世主的な存在となった。さらにクライスラーはジープの製造権を持つＡＭＣをルノーから取得し、ＳＵＶ（スポーツ・ユーティリティ・ビークル）のジープチェロキーが人気となった。

乗用車のダウンサイジングが進む１９８０年代の後半になると、ビッグスリーはミニバンやＳＵＶの販売を増やしていった。ミニバンやＳＵＶは車両重量も大きかったから燃費が悪かった。しかし、商用車に区分されているので規制がゆるかったうえに、トラックベースのシャシーを利用してつくるので、コストが抑えられるわりに車両価格を高く設定することができた。そのぶん車重が増えたものの、自動車メーカーの利益も大きく、ユーザーの好みに合ってもいた。これが主流となり、セダン開発に力を入れなくなる傾向が見られた。

企業別平均燃費規制は、１９８５年以降も厳しさを増す計画であったが、レーガン大統領の登場で各種の規制が緩和される政策により凍結された。その結果、燃費を良くする努力をしないで済むようになり、利益確保を優先したクルマづくりが続いた。

■ヨーロッパメーカーの動向

ここで、ヨーロッパの自動車メーカーの動向を見てみよう。

オイルショックのあとは、産業でみても、それまでの重厚長大から軽薄短小へとシフトする傾向がみられた。先進国のあいだでは、機械製品を中心とした重工

1983年にクライスラーでミニバンを発表するアイアコッカ会長。その前はフォード社長を務めており、クライスラーに移籍してからヒットを飛ばして一時は救世主と言われた。日本と違いメーカートップがライバルメーカーに移るのは珍しいことではない。

業から、情報やハイテク産業への転換が始まる気配があった。

アメリカ車がコンパクトクラスに力を入れるようになるにつれて、傘下のドイツやイギリスにあるメーカーの動きが活発になった。さらに、1980年代になると日本車メーカーが脅威となった。対抗するために、ヨーロッパのメーカーは、合理的で使い勝手の良さなど機能を優先するだけでなく、洒落てスタイリッシュな方向を打ち出すようになってきた。これはヨーロッパ市場の成熟が進んだからでもあった。高級車をのぞいて、FF方式のクルマが中心となり、機構的に同じようなかたちになったことで、そのなかで個性を出そうとしたからでもあった。

イギリスとドイツのフォードが統合され、1976年にヨーロッパ向けの戦略車であるフォード・フィエスタが登場した。典型的なハッチバックスタイルのFF車で、スモールカーとして成功を収めた。オイルショック後にはアメリカでも販売されている。フォードは、エスコートなどユーザーの心を掴むクルマを出し、ヨーロッパの実績ではゼネラルモーターズをリードした。

ヨーロッパの自動車メーカーを見てみると、それぞれの国情を反映したクルマであることに変わりはなかったが、次第にヨーロッパ圏として国境の壁が低くなる方向に進んだ。ECとしてヨーロッパの巨大市場が形成され、各車が大量販売されるようになったのである。オースチン・ミニに次いで、フィアット127、ルノーR5(サンク)、プジョー205など生産累計が500万台を越えるクルマが続くようになった。

フォードの最初のワールドカーともいえる存在のフィエスタ。フォードらしくシンプルでコストを抑えたスモールカー。

■フランス車の動向

1970年代から80年代にかけて、フランスではプジョーとルノーの二大メーカー中心となった。

個性を出すことに熱心だったシトロエンは、1934年からタイヤメーカーのミシュランの傘下に入っていたが、1974年にプジョーに吸収された。ブランドとしてのシトロエンは健在であるが、エンジンやトランスミッションなどはプジョー製を使用し、かつてほどの特徴を出せなくなっている。

ルノーは大衆車中心だったが、プジョーもこのクラスに力をいれるようになり、両メーカーとも各クラスをカバーしたクルマのラインアップになっている。ルノーは、ルノー4CVからルノー・ドーフィーヌとヒット車を出し、1972年にFF車として登場したルノーR5は新世代の大衆車として販売を伸ばした。ルノーは戦後になって輸出にも力を入れ、大差を付けられていたものの、フォルクスワーゲンに次いで2位の対米輸出を記録し、1979年にはアメリカンモーターを買収して、アメリカへの足かがりをつくった。しかし、フランスでの販売不振により1987年に同社をクライスラーに売却した。コンパクトなSUVであるジープチェロキーを売り出しヒットさせたのはルノーであった。

プジョーは、イタリアのカロッツェリアであるピニンファリナと提携してスタイルに特徴を出していた。1965年に初めてのFF車であるプジョー204を出して大衆車部門に足がかりをつくるとともに、その分野で事業の拡大に成功した。205や206

ルノーの大衆車のヒット作となったルノーR5。簡素なつくりから踏み出したものになっており、フランスの1970年代を代表する一台になった。

など大衆車でヒットをとばした。大衆車から高級車まで、フランス車らしく快適性や走行性能の良さを優先したクルマづくりで存在感を示している。

合理性を重んじるフランスは、ディーゼルエンジン車がもっとも普及している国である。長距離ドライブの機会が多く、熱効率にすぐれたディーゼルエンジンの経済性が注目されている。小型ディーゼルエンジンの技術進化も著しく、ガソリンエンジンに比較して欠点とされた騒音や振動なども改善され、低速トルクが大きいこともあって、走行性能でもガソリンエンジンに劣らないものになったと評価されている。あまり走行距離が多くない日本ではディーゼルエンジンの乗用車は普及しないので、この分野の技術では、フランスやドイツがリードしているのが現状である。

■棲み分けが進むドイツのメーカー

ドイツは、ヨーロッパのなかでもっとも力強い自動車産業を持つ国である。合理的・技術的な機構を追求して完成度を高めることでクルマの進化を図るのが特色である。アメリカでは車両サイズに応じたエンジン排気量や装備などの違いが大きいのに対し、ドイツでは高級車と大衆車は、クルマの機構や性能に大きな違いがある。アメリカの高速道路はスピード制限があるので、性能の差はそれほど重要視されない。これに対し、ドイツのアウトバーンは速度無制限であることから、巡航速度の違いによってクルマのクラスが分けられる。そのため、アメリカでもドイツの高級車は一定の支持を得るものになっており、アメリカでは大衆車クラスは日本車、高級車はドイツ車という輸入車によるランクづけが定着した。

自動車メーカーとしては高級車を得意とするダイムラー・ベンツ社(現在はダイムラー社)のメルセデス、スポーツ性の強いBMW、大衆車中心のフォルクスワーゲン、ゼネラルモーターズ傘下のオペルがある。さらに、スポーツカーに特化したポルシェがあり、フォルクスワーゲンの傘下にはアウディなどがある。ドイツでは有力メーカーがそれぞれに他社にない特徴をもって、メーカーとしての棲み分けが進んでいるのが特徴であった。この特徴が、1990年代になってから崩れる傾向を見せて、自動車メーカーのグローバル展開を一気に加速させる原因のひとつになったが、それについては次章で見ることにする。

フォルクスワーゲン・ビートルで自動車メーカーとしての不動の地位を築くことに成功したフォルクスワーゲン社は、1974年にビートルの後継モデルのゴルフを出す。合理性を前面に出したFF車の決定版ともいえるクルマであった。ヨーロッパ車の典型ともいえるハッチバック車で、フォルクスワーゲン社の技術力の高さを示すものであった。フォルクスワーゲンの屋台骨を支えるクルマとして多様なユーザーの要求に応えるべく、高性能なエンジンを搭載したGTIや経済性を重視したディーゼルエンジン車を投入するなど幅広く展開することで、販売を増やした。

フォルクスワーゲン傘下で目立ったのはアウディである。ゴルフと同じFF車でありながら、大衆車の範疇に入るクルマではなく、ユーザーはBMWやメルセデスと同じ高級車を求める層になっている。戦前のアウトウニオンの流れを汲むブランドとして復活したもので、多くのFF車が車両サイズを小さくできる合理性を追求したものであったのに対し、アウディは走行性能に優れたクルマにするための選択であった。

この路線を継承して、1982年にはFF車を発展させた四輪駆動車であるアウ

大ヒットしたフォルクスワーゲン・ビートルの後継モデルとして登場したVWゴルフ。このクルマの登場で横置きエンジンのFF車が完全に主流となった。写真はエンジン性能を上げたGTI仕様。

ディ・クアトロを出した。それまでのジープのようなオフロード主体の四輪駆動車とは異なり、高性能セダンとして採用した新しさがあった。これによりアウディは高級車としてのイメージを決定的にし、四輪駆動の高性能セダンの先駆けとなった。

伝統と実績を誇るメルセデス・ベンツは、世界の高級車のベンチマークとなっている。車両としての走行安定性、衝突安全性や予防安全性に関する技術では、常に他のメーカーに先駆けて導入している。メルセデスに乗ることがステータスになるほどのブランド性を持っているので、車両価格が高く、生産台数はそれほど多くなくても、利益率の高さは群を抜いている。コストを下げるために大量生産する道を選択せず、人手をかけて高品質を保つ技術戦略だった。

しかし、メルセデスは次第に保守的な印象が強くなり、1980年代に入ると、若者に注目されないメーカーになっていることに危機感を抱くようになった。そのために、それまで目を向けなかった小型車を市場に投入するようになる。燃費規制に対応することでアメリカへの輸出を有利に展開するためでもあった。

戦前は航空機エンジンメーカーとして知られたBMWは、戦後になって有力メーカーに伸し上がった。1960年代にスポーティなセダンに特化して以来、その路線を発展させることで支持を得ている。高級車として確固としたポジションを築いているメルセデスがあるので、それとは異なるクルマであることを意識して「駆け抜ける歓び」でユーザーにアピール、成功した。一貫してFR方式のクルマをつくり続けており、クルマ開発のスタンスにぶれがないメーカーである。イタリアに近いバイエルンにあるメーカー

1982年に登場したメルセデス190。全長4660mmで日本の小型車の規格となるコンパクトなクルマであった。その後、モデルチェンジされてCクラスとなっている。

であることから、ドイツの機械的な合理性とイタリアの持つ熱いフィーリングを融合させていることが魅力になっている。

■イギリス・イタリアなど

かつてオースチン・セブンやFF車時代の幕をあけたミニをつくったイギリスは、戦前はヨーロッパのなかでリードすることもあったが、その後は国際的な競争に遅れを取った。それを補うようにメーカー同士の合併が繰り返された。オースチンとモーリスが合併してできたBMCも、やがてレイランドグループと合併してBLMCとなった。その後、BLMCは紆余曲折があってローバーグループとなったものの、ホンダと提携し、さらにBMWの傘下に入り、現在はミニ以外をBMWが手放した。この結果、イギリス資本の自動車メーカーは姿を消してしまった。こうした事態を憂慮した当時のサッチャー首相が日産に工場建設を働きかけたのが1980年代前半のことである。

イギリス車は、時として注目されるクルマを出すことがあったものの、合併したメーカーは、ユーザーの望むクルマを出すことも、国際的な競争に果敢に立ち向かう姿勢も示さなかった。戦後、一貫した福祉政策をとったイギリスでは、企業への税負担が大きいこともあって、製造業が伸び悩んだ。合理化ばかりが進んだのである。また、自動車メーカーも、積極的な姿勢を持つ技術者を重用することが少なかったことが原因であろう。

イタリアは、フィアット一社だけが君臨する。かつてはライバルだったアルファロメオもランチァもフィアットの傘下に入っており、フェラーリも仲間入りして、オールイタリアン体制となった。

1969年に登場したフィアット128がオースチン・ミニのエンジン横置きのFF車のシステムを合理

化して完成させており、大衆車づくりに力量を発揮した。イタリア産業界に君臨するフィアットは、国内にライバルはなく、輸入車に一定の制限を加えてフィアットが安定した経営をすることを助けていた。

そのことが国際的な競争にさらされない状況をつくり、またスポーツ性を持つメーカーを傘下に持つことから、個性的なクルマづくりの必要性が高くなかったため、国際的な競争力をつける機会を失ってしまった。

スウェーデンのボルボやサーブも、個性的なクルマをつくるメーカーであったが、メーカーとしての体力が問われる時代になると苦しくなっていった。

ヨーロッパでは、クルマでの長距離移動が一般的であった。そのために、燃費が良いことは日本よりも遥かに優先順位が高かった。高速時の安定した走行ができることと高速時の燃費が良いクルマでなくてはならなかった。大衆車も例外ではない。したがって、日本車のように装備を充実して豪華に見せるよりも機能を十分に発揮することが第一であった。だから、トヨタや日産もアメリカへの輸出を増やすことができても、ヨーロッパ大陸では、基盤をつくるのは容易ではなかったのだ。

■社会の変化と日本車のかたち

日本でも1973年と79年のオイルショックが影を落とし、厳しい排気規制に対処するために1970年代は走行性能などで進化はあまり見られなかった。オイルショックにより「省エネ・省燃費」が自動車メーカーだけでなく、国民すべてをまき込んだのは石油が

トヨタ最初のエンジン横置きのFF車であるカムリ。アメリカ市場をターゲットに1982年に新しく開発されたもので、その後トヨタの中核をしめるクルマとなった。

輸入に依存しているからだ。豊かさを求めるだけの時代ではなくなり、1980年代になるとワーカーホリックに対する反省・反動が現れてきた。働くことよりも遊びを優先する時代となり、日本社会も変化が見られた。

1980年の日本の自動車生産は1104万台に達した。これによりアメリカを抜き世界一の自動車生産国となった。日本は国内販売も好調で、輸出も順調だった。

日本車は、1980年代に入ってからトヨタや日産も大衆車を中心にFF方式のクルマを増やした。FR方式中心のクルマづくりを続けていた日本のビッグツーも、世界的な小型車づくりが進むなかで方向転換を図らざるをえなかった。

日産はサニーより小さいマーチを新たに投入したが、これは大衆車部門でトヨタに大きな差をつけられている状況を打破するためであった。FFへの転換でも日産の方が積極的であったが、必ずしもそれが成功していない。最初にFRからFFになったオースターは、エンジンの振動などを押さえることができないまま市場に投入されて評判を落とした。その気になれば技術的に問題なく解決できる能力を持っているにも関わらず、組織的なチェック体制など車両開発体制に欠陥があったためである。

トヨタが主力のカローラやコロナまでFF方式に転換するのは、1983年以降のことである。トヨタがいちばん遅かったのは、FF方式に転換するには設備投資が莫大になるので、慎重を期したからだった。

だからといって、トヨタが旧態依然とした路線をとっていたわけではない。トヨタは、1978年に最初のFF車であるターセル/コルサを出していたが、エンジン横置きの本

1986年に登場したフォード・トーラス。フォードのロングセラーカーとなったFF車。それ以前にあったエスコートより一まわり大きいモデルでFF車としたもの。

格的ＦＦ車として１９８２年に投入したのがビスタ／カムリである。最初からアメリカ市場をターゲットにして開発された新しいモデルであり、車両サイズはコロナなどと同じで、大衆車と上級車の中間サイズでありながら、室内の広さはクラウンを上まわるほどで、ＦＦ車の特徴を最大限に生かしたクルマになっていた。エンジンも新開発された。

ホンダでもアメリカではシビックより一まわり大きいアコードが売れ筋になっており、トヨタのカムリはその対抗馬であった。この2車をターゲットにして開発に力を入れたフォードのトーラスは、久しぶりのヒット商品となり、乗用車販売で日本車からトップの座を奪った。その後しばらくは、アコード、カムリ、トーラスの3車での激しい販売合戦がアメリカで繰り広げられた。

日本車の急増がアメリカで貿易摩擦を引き起こした。１９８０年になると、日本側の自主規制ということにして１９８１年のアメリカへの日本車の輸出は１６８万台に制限され、この自主規制は翌年も続けられた。その後も、台数を変えながら１９９４年まで続けられた。

■日本メーカーのアメリカへの工場進出

アメリカへの輸出は、日本のメーカーの大きな収益源になっていたから、貿易摩擦によって、その流れが止まることが大きな懸念材料になった。日本のメーカーは、同じ品質で価格が同じなら、部品や原材料をアメリカから買うなどの配慮をしていたものの、それ自体たいした金額にはなっていなかった。そんななかで、アメリカのなかで日本のメーカーに対して現地生産を促す主張が強くなってきた。

アメリカに工場を建設して日本車を生産することは、アメリカの雇用にも貢献することから、政府筋ばかりでなく自動車産業界で大きな影響力を持つ全米自動車労組（ＵＡＷ）も日本メーカーの工場建設を求めた。

政治問題にまで発展しており、遅かれ早かれ、輸出を増やしている日本のメーカーは、アメリカへの進出を果たさなくてはならなくなった。

日本の主要メーカーは、1980年代のうちに工場を建設することになるが、その進出の仕方はそれぞれのメーカーによって違いが見られた。

最初に進出したのはホンダだった。1960年代にスーパーカブを筆頭にアメリカへの二輪車の輸出実績を持つホンダは、世界に進出することに積極的な姿勢を示した。1979年にはオハイオ州に二輪車の生産工場を建てており、その際に四輪車工場を建てるべく広大な敷地を確保していた。1980年には、いち早く進出することを宣言し、1982年秋に四輪生産工場を完成させた。シビックに次いでアコードをアメリカ市場に投入して支持を広げた。

トヨタや日産に比較すると自動車メーカーとして規模の小さいホンダは、世界中に基盤をつくって伸びていこうとするメーカーであった。手強い相手であるUAWとのあいだでトラブルがあったものの、ホンダの現地生産は軌道に乗り、アメリカにおける利益は次第に大きくなっていった。世界に進出することで企業規模を大きくしていったのが、ホンダの特徴でもあった。

次いで、アメリカ進出を果たしたのは日産である。1979年の二度目のオイルショックの前に日産ではアメリカへの進出を計画していたから、オイルショックがなければホンダよりも早く進出していたかもしれない。川又克二に次いで1977年に社長に就任した石原俊は、海外進出に積極的だった。

ホンダのオハイオ州にあるアメリカ・ホンダの四輪生産工場。1980年代のホンダは、世界に出ていって企業として成長した。その拠点となったのがアメリカである。

1983年6月にテネシー州に日産工場が建設されて、サニートラックの生産から始められた。日産はフォードの生産担当副社長だったマービン・ラニオンを社長に据えて陣頭指揮をとらせた。日産も生産方式では世界的に進んだものになっていたが、UAWとの対応など現地生産で起こる問題は、アメリカ人の経営陣に任せたのだった。

■トヨタの慎重なアメリカ進出

トヨタは、アメリカへの進出でも慎重であった。ホンダや日産のように単独での進出ではなく、最初はアメリカのメーカーとの合弁から始めた。アメリカメーカーとの提携でも良いという意向をつかんだトヨタは、まずはフォードと交渉を始めた。話し合いは、トヨタの提案する車種をフォードが受け入れないことから決裂した。

ゼネラルモーターズがトヨタと提携することに興味を示し、交渉の末に合意に達した。トヨタでは、ゼネラルモーターズとの合弁事業をまとめたいという強い意志があった。交渉に当たったトヨタの委員たちは、アメリカのゼネラルモーターズ本社での交渉で、対等な話し合いが行われることに強い感慨を持った人たちが多かった。ほんの10年前までは、ゼネラルモーターズは遥か見上げる存在であり、追いつくことなど容易にできるものではないと思っていたのだ。その相手と交渉し、工場の生産体制ではトヨタが主導し、つくられるクルマもトヨタが設計製作しているカローラであった。なかには、せっかくトヨタが長年にわたって築き上げた生産に関するノウハウをゼネラルモーターズに教えることを懸念する声もあった。

アメリカでの販売がトヨタの収益として無視できないまでになっていることを考えれば、この合弁工場は、トヨタの発展に欠かせないものであった。ゼネラルモーターズと共同で運営することで、アメリカでの生産にどのような問題があるかをつかむことができる。それは、将来の単独でのアメリカ進出のときにノウハウとして生かされるものだった。

工場はカリフォルニアにあるゼネラルモーターズの休止していた工場に決まり、再雇用されることになったUAWの労働者200名が生産方式を習得するために、日本のトヨタの工場で研修が実施された。こうしてできたNUMMIの工場は、1984年2月に稼働を開始した。アメリカでは幹部役員と現場の作業員が同じ食堂で食事をすることはなかったが、この工場ではトヨタ式に役職による分け隔てをなくし、すべての人が改善のための提案ができるようになっていた。トヨタに学ぼうとする姿勢があったのだ。

この工場で生産されたクルマは、トヨタがスプリンターとして、ゼネラルモーターズがシボレー・ノバとして販売した。実際には、シボレーとしてのクルマの販売は思ったほどの売れ行きを示さなかった。しかし、この合弁工場の契約は延長されて生産が続けられた。ゼネラルモーターズのなかで、この工場で学んだ生産方式を生かそうとした人たちもいたが、長年アメリカ方式になじんでいた幹部は、彼らの提案に熱心ではなく、結局はあまり生かされることなく年月が過ぎていった。

トヨタがケンタッキー州に独自に工場を建設して現地生産を始めるのは1988年10月のことである。ゼネラルモーターズとの合弁工場で、アメリカにおける生産のあり方を学んだ経験が生かされた。それ以降もアメリカでの販売で好調だったトヨタは、各地に工場を次々に建設して現地生産を増やした。

ゼネラルモーターズとトヨタの合弁によるカリフォルニアのNUMMI工場。1984年以来、現在まで生産が続けられている。トヨタの生産方式による海外での初めての工場であった。

ちなみに、デトロイトの一角につくられ、1985年8月に稼働を開始したゼネラルモーターズの新しいハムトラムク工場は、最新鋭の機械設備にした工場であった。トヨタのかんばん方式が世界的に注目を集めており、その効率の良さが評判になっていたが、ゼネラルモーターズでは、これを上まわる高効率の自動化された工場にするという意気込みで計画された。当初は1983年に稼働する予定であったが2年ほど遅れた。ハイテクを駆使し、組み立てや溶接なども自動化し、各種のセンサーを利用して人間の力を借りなくても各種の作業は機械によってできる画期的な工場だった。

しかし、実際に稼働すると次々に問題が出て、生産はスムーズにいかなかった。うまく制御されるはずの機械たちが、コンピューターのちょっとした行き違いで計画どおりに動かないのだ。うまく機能するまでに何か月もクルマをつくることができなかった。しかも、その後ここでつくられた欠陥のある完成車は、古い工場でもう一度仕上げ作業をしなければならなかった。この工場がうまく稼働していないことを経営トップが知るまでにかなり時間が経っていたということだ。

トヨタや日産の工場でも、ロボットを使用して自動化を進めていたが、ラインはトラブルがあることを前提にして稼働させており、その場合はすぐに止めるようになっていた。不完全なものをたくさんつくることがもっとも困ることだったからだ。そのために、ポイントごとに人間を配置してトラブルに対処した。トラブル対策こそがラインをスムーズに動かすためのノウハウであった。

■日本製エンジンの進化

1980年代の日本の自動車メーカーは好況を享受した。大げさにいえば、1950年代のアメリカの豊かさに匹敵するほどのものであった。

1980年代になると、トヨタと日産の企業差はそれまで以上にひらいてきた。トヨタが、日本のトップメーカーとしての地位を不動のものにしたのは、排気規制やオイルショックを乗り切っても、そこで一息つくようなことをせずに、技術的な進化と生産効率の向上を図る努力を休みなく続けたからだった。次々と生じる課題に取り組み、新しい地平を開こうとした。

トヨタと日産の企業格差が拡大した最大の原因は、経営トップの采配の違いによるところが大きい。どんなに組織が大きくなっても、将来の方向を指し示すトップが、的確に将来を見通して手を打つか、そのための必要な人材を適切なポジションに付けることができるかで、企業の優劣が決定的になる可能性が大きい。

トヨタは、1980年代にエンジンの分野でもっとも進化を遂げたメーカーであった。1980年代を迎えたときに、新しい時代にふさわしいエンジンにする意欲を示し、1980年代のうちに乗用車エンジンのすべてを究極ともいえる機構のDOHC4バルブにした。それ以前のDOHCエンジンは一部のスポーツカー用の高性能エンジンであった。まだ多くの人たちがそのイメージを持っているときに、性能を向上させるとともに燃費性能も良くし排気でも有利になる機構として、全面的にこの機構のエンジンに転換する決断をしたのだ。機構としては新規になるから、当然設備投資も莫大になる。慎重なトヨタが、それでも決断したのは、DOHC4バルブエンジンが理想のかたちであり、他のメーカーに先駆けてやるべきだというエンジン担当役員の強い意志によるものだった。トップがそれを承認したのは、この時期にトヨタが莫大な利益をあげていたからである。

他のメーカーはトヨタと同じDOHC4バルブエンジンを市場に投入しなくては、技術的に遅れたイメージになるとして、急いで開発を進めた。これにより、日本の自動車用エンジンは、欧米よりも進んだ機構となった。日本の自動車技術が欧米に対して優位性を持つにいたったのだ。

排気規制をクリアするめどがたったことで、1980年代は各メーカーともエンジン性能を上げる努力をした。日産がまずターボを装着して性能向上を図ったエンジンを出し注目された。排気を利用してタービンをまわし、圧縮された空気を供給できるので、エンジン排気量を大きくしなくてもパワーアップを可能にする。どのメーカーも日産に追随してターボエンジンを出したが、この時代のターボ付きエンジンは洗練されたものではなかった。その後、エンジン本体の技術革新に取り組んだトヨタが、ターボに頼らないエンジンのシリーズ化でイメージアップに成功した。

日産は、それまで6気筒といえば直列型しかなかったところに、1983年にエンジン全長が短くなるV型6気筒を日本で最初に実用化させ、高級エンジンの分野に一石を投じた。

1988年に登場したホンダVTECエンジンは、トヨタが推し進めたDOHC4バルブエンジンをさらにレベルアップさせた技術だった。それまでのエンジンは低中速域か高速域のどちらかを優先した仕様にするしかなかったが、可変システムを導入したVTECは、低速でも高速でも性能向上を図ることが可能になった。エンジンとしては複雑になるが、高効率化技術としては画期的なものである。クルマが使用されるさまざまな状況に応じて、エンジンが効率よく働くことは、エンジン技術者の長年の目標であった。可変技術はその扉を開くものであった。

■進むクルマの多様化

1970年代は独自性を持っていたホンダ車も、他のメーカーが続々とFF車を出すようになると、新しくアピールする材料が必要になった。若者をターゲットにした遊び心に訴えたコンパクトなシティを出し、シビックでも革新的なモデルチェンジを図り、洗練されダイナミックなデザインのクルマにした。1984

年から再びF1レースに挑戦し、ホンダが他のメーカーよりもフレッシュで個性的であることをイメージづけた。

他のメーカーと異なるところは、ホンダがあくまでも乗用車中心のメーカーだったことだ。プレリュードというスペシャリティカーを出し、ウエッジシェイプのスタイルでホンダ車のイメージを統一するなど一定の評価を得た。しかし、1990年代に入るころになると、日本でもセダンばなれが進んだこともあって、ホンダは新しい方向を見いだせずにシェアを落とした。

東洋工業のマツダは、1980年に登場したファミリアがヒットし、その前に出したロータリーエンジン搭載のスポーツカーRX-7がアメリカで販売を伸ばした。ポルシェの半分の価格で同等の性能のクルマであると評価された。ロータリーエンジンはスポーツカー用に特化することで生き残ることができた。

フォードと提携したマツダは、走行性能を重視したヨーロッパ調のクルマづくりにすることで特色を出した。そのため、ヨーロッパへの輸出ではトヨタや日産を上まわった。国内販売よりも欧米への輸出が半分以上を占めることになり、外貨に対して円が強くなるたびに利益が縮小する悩みを抱えることになった。

三菱はジープに代わる四輪駆動車として投入したパジェロが、オフロードカーとしてではなく乗用車に近い使われ方をしてヒットした。いわゆるレクリエーショナル・ビークル（RV）のはしりとなるもので、三菱はこの分野のクルマを相次いで投入、RVブームの中心的メーカーとなった。これにより、マツダやホンダと、第三位の地位を賭けた競争で優

1982年に出たホンダのシティ。遊び心にあふれたクルマとして人気となった。全長を短くして全高を大きくしてトールボーイと呼ばれた。しかし、アメリカの安全基準との関係でこのコンセプトは受け継がれなかった。

位に立った。しかし、1980年代の終わりごろから他メーカーがRVを投入してくると、リードを保つことがむずかしくなった。

1980年代はクルマの多様化時代を迎えた。大衆車から高級車までの乗用車のほかに、その後のミニバンに発展するワンボックスワゴン、ジープタイプ車から誕生した四輪駆動車を中心とするSUV、さらにはスポーツ性、ファッション性を前面に出したスペシャリティカーなどが各メーカーから登場した。車種のバラエティ化にともなって、セダンタイプのクルマの人気にかげりが見えるようになる。アメリカ同様にクラス分けを嫌う人たちが、クラスレスのクルマに移行する傾向が見られるようになったのも1980年代の特徴であった。

■高級志向を強める1980年代の日本車

1980年代の後半は、日本はドル安・円高に見舞われたものの好景気を維持した。燃費の良いクルマを出すことを忘れたわけではなかったが、新しいクルマとして話題となったのは、高級車・高性能車だった。1988年1月に登場した日産シーマが、セドリックより上級車種として人気となったのはバブル期ならではのことであった。しかし、1980年代初めにスカイライン/ローレルという中級車種でトヨタのマークⅡ/クレスタ/チェイサーにリードしていた日産は、スタイルで先行してエンジンで洗練したトヨタに販売で優位を奪われた。これにより、大衆車、中級車、上級車の部門でリードを許し、その差を広げられた。

トヨタの高級車チャンネルとして1989年にアメリカで立ち上げたレクサス店。そのサービス体制は、日本流の「おもてなし」を取り入れた行き届いた接客で、アメリカ人があまり味わうことのないものだったようだ。

注目されるのは、1989年にトヨタがアメリカでレクサスブランドを立ち上げたことだ。大衆車としてアメリカでシェアを伸ばしたトヨタは、高級車をつくっていなかったから、トヨタ車に乗っていた人たちも、高級車に乗り換えるときにはメルセデスやBMWに移っていった。もう一段アメリカでの販売を確かなものにするには、魅力的な高級車をつくることが必要になったのだ。それがレクサスLS400、日本ではセルシオという車名で登場した。高級車であっても、欧州車と同じ土俵のなかで勝負するのではなく、日本のメーカーが培った良いところを生かすことで特徴を出そうとした。具体的には源流対策と呼ばれた品質としてのつくり込み、静粛な室内にすること、空力的に優れていながらスタイルの良さを出すことなどであった。この開発は、トヨタの総力を結集して実施された。

新しいアメリカでの販売チャンネルのレクサスは成功した。トヨタの高級車を扱う店舗にふさわしく豪華であり、サービス体制も日本らしく丁寧で行き届いたものだった。相手の立場に立って顧客を大切に扱うサービスは、アメリカでは新鮮であった。日本流で成功したものといえる。

次いで、日産ではインフィニティ、ホンダはアキュラ・ブランドを立ち上げ、アメリカでの大衆車中心という日本車のイメージからの脱却を試みた。ミドシップの本格的なスポーツカーとしてホンダのイメージアップのために開発されたホンダNSXは、フェラーリに負けないクルマに仕上げて、価格でもかなり安く設定して品質も良いものであった。

第七章　１９９０年代以降の自動車メーカーの動向

■量的拡大を図る有力メーカー

１９９０年代になると世界の自動車メーカーは、新しい次元の競争の渦にまきこまれた。各国を代表する自動車メーカーが、21世紀に向けて生き残りをかけ激突する様相を呈するようになったのである。

アメリカのビッグスリーがワールドカー構想を押し進め、日本車もヨーロッパへの本格的な展開を図るようになった。冷戦構造が崩壊し、自動車メーカーにとってカヤの外であった中国、ロシア、東欧も新しい市場として浮上してきた。ヨーロッパもＥＵとしての統合の方向へ進み、国境の壁を超えた販売合戦となる様相だった。

世界の自動車市場が流動化する気配を見せた。それにつれて、生き残るためには規模の確保、つまり生産台数を多くすることが大切だというムードになった。そのため、有力メーカーは得意分野をまもるだけでなく、積極的にライバルメーカーの主力分野に進出する動きが活発になった。当時盛んに聞かれたのは「４００万台クラブ」という言葉だった。年間これだけの生産台数を確保できないメーカーは生き残れないと、なによりも量を確保することが先決と思われたところがあった。

いっぽうで「成長の限界」で警告された事態の深刻さが認識され、それまで以上に「地球環境」「地球温暖化」に配慮せざるを得なくなった。主流であるガソリンエンジンの更なる改良だけでなく、燃費の良いディーゼルエンジンの普及が進んだ。それにつれて排気規制も厳しくなった。この排気規制のクリアに向けての技術開発も難題を含んだものだった。

セダン離れがいっそう加速したのも1990年代になってからである。メルセデスやポルシェなど少数の高級・高価格車を別にすれば、ミニバンやSUV、あるいはその派生車種などがセダンの市場を侵食した。これまでどおりセダンを支持する人たちもいたから、各メーカーは、さまざまな要求に応えるように、多様化を図ることが重要になった。異なるクルマでも、できるだけ共通部品を多くしたうえで違いを強調して、多様化を効率良く図ることが求められた。そのためには生産台数を増やすことが、結果として一台当たりのコスト削減につながるという考えがあった。

次世代動力の開発を含めて、取り組まなくてはならない課題が増えていた。得意分野をしっかりとまもり、そのクルマに磨きをかけていけば安泰であった時代は、過去のものになってしまったかのようだった。メーカー間の体力と技術力の勝負が始まり、少量生産の個性的メーカーは、巨大メーカーの傘下に入る動きが見られ、合従連衡が始まった。提携や合併などが国境を越えたものになるのが珍しくなくなった。

この章では、1990年代から2008年のアメリカ発の金融恐慌に至るまでの自動車産業の変遷を見ることにする。この20年近くのあいだに起こったのは、自動車界の再編であり、勢力地図の移り変わりであり、クルマのかたちの変化であった。自動車に対する社会の要求が地域に関係なく共通したものであるという認識が広まった。そのため、巨大メーカーが中心となり、弱小メーカーがそれらの傘下に入って、グループ化する構図が一般化した。そのなかには世界を驚かす合併などがあったが、時間がたってみると再編劇も試行錯誤のひとつにすぎなかった様相であった。

■棲み分けの時代の終わり

棲み分けの時代が長く続いたドイツで動きが活発になった。高級車を得意とするダイムラー・ベンツが大衆車部門に、そして大衆車中心のフォルクスワーゲンが高級車部門に進出してきたのである。

保守的なメーカーというイメージが浸透して若者に支持されないことに危機感を持ったダイムラー・ベンツ社は、1990年代になって登場した小型でFF方式のベンツAクラスを市販した。これは、それまでのメルセデスのイメージと違うものであった。同社の電気自動車や燃料電池車開発のベース車両としての意味もあった。併行して、スイスの時計メーカーと提携して日本の軽自動車のように全長3メートルほどの超小型乗用車のスマートの開発に踏み切った。将来の燃費規制やクルマのあり方を考えて、高級車だけでは生き残れないと判断した結果だった。

これに対して、フォルクスワーゲンはパサートを高級車化しただけでなく、高価格の高級車フェートンをつくることで対抗しようとした。そのためのガラス張りの清潔な工場をつくり、購入するユーザーには高級ホテル並みの宿泊施設を用意してクルマづくりを見せるという工夫までしていた。このフォルクスワーゲンの計画は注目されたものの、ダイムラーの高級車に対抗することのむずかしさを思い知らされることになって成功しなかった。

ダイムラー・ベンツ社のAクラスは、発売された直後のスウェーデンでの試乗会で転倒事故を起こして、ただちに改良した。それまで開発したことのない大衆車を、ダイムラー・ベンツ社の持つクオリティにすることのむずかしさを知る一つの事例だった。同社は、超小型車スマートをより完成したクルマにするためもあって、日本の三菱と提携した。軽自動車を長年にわたって開発していた三菱の技術に注目したからである。

■日本のバブル崩壊とメーカーの再編へ

1991年からのバブル崩壊で、日本のメーカーは、初めて右肩上がりの成長にストップがかかった。オイルショックなどで前年を生産台数で下まわることがあっても、一時的なものとしてすぐに回復していたが、1991年に始まる不況は深刻で、国内販売は大きく落ち込んだ。

1992年に日産が神奈川県にある座間工場の閉鎖を発表したことが、自動車メーカー低落の象徴的な出来事として報道された。1989年の年間自動車生産は1300万台ほどになっていたが、1992年には1000万台を切るようになり、生産設備が過剰気味になっていた。他のメーカーでも各工場の生産台数を減らしていたが、大規模な工場閉鎖は日産が最初だった。

日産では、研究開発費も削減するなど赤字を少なくする方針を立てた。この後、日産がリードして新しい技術を率先採用することが少なくなった。経営トップの消極的態度もあって、日産のシェア低下をさらに加速させたのであった。

マツダもバブル崩壊により、オイルショック以来の経営危機に陥った。タイミングの悪いことに、国内販売を増やす体制にしたところでバブル崩壊に見舞われたのだ。

マツダが販売チャンネルを増やしたことを契機に登場したマツダ・ロードスター。当初はユーノス店からの販売だったのでユーノス・ロードスターと呼ばれた。ライトウエイトスポーツが世界的に姿を消していたのでヒットした。

アメリカやヨーロッパへの輸出が生産の半分以上を占めていたので、円高基調の為替の変動による影響を受けて収益が不安定になっていた。その体質を改善するために国内販売を増やそうと、トヨタや日産と同じく販売チャンネルを3系統から5系統に増やした。チャンネルを増やしたぶんモデル数を増やさなくてはならないが、開発陣を増やさないでモデル開発した。当然少ない陣容での開発になり、クルマの完成度を高くするのは大変だった。次々に投入されるモデルの名前が浸透しないうちに不況が訪れて販売が落ち込んだ。賭けに失敗したのだった。

販売店を増やし、それに合わせてニューモデルを投入すれば国内販売が増えるというのは、単純な思い違いであった。たとえバブル崩壊がなくとも成功しなかった可能性が高い計画であった。多額の投資をして体制をつくったことで、しばらくは後遺症に悩まされた。提携していたフォードに助けを求めた結果、マツダはフォードの傘下に入り、経営陣もフォードから派遣されて再建が図られることになった。

三菱も、1990年代になってから順調に推移しなかった。1989年に上場を果たしたことで、三菱自動車は三菱重工業の子会社から実質的に独立した存在となった。このときに社長に就任した中村裕一は、それまでの三菱重工業出身の歴代社長と違って初めての三菱自動車の生え抜きのエンジン技術者であった。

1970年にクライスラーと提携していた三菱は、結果としてはそれが足かせになっていた。三菱車をアメリカで販売することができない契約なので、日本車が人気になったときに三菱が直接販売するチャンスを失った。クライスラーが経営不振になると、三菱が助けることになり、1980年代には何度か契約を見直して、ようやくアメリカで独自に販売できる体制を構築した。

三菱とクライスラーの提携が解消されるのは1993年のことで、結果として三菱にとってクライスラーとの提携は、実りの大きいものではなかった。

三菱が、独自性を出そうとして開発したのが直接噴射式ガソリンエンジンである。燃費を良くするうえに性能向上を図ることのできる新しい機構として注目されるエンジンだった。トヨタでも開発していたが、三菱が先駆けて市販車に搭載した。1995年のことで、これ以降は、このエンジンを各モデルに搭載する計画が進行した。このころの日本の燃費性能の表示は、市街地走行の10モードによる計測が採用されていた。三菱では、10モードで最良のデータになる仕様にした。したがって、カタログなどでは非常に優れた燃費であるが、実際にはアクセル開度を大きくする人もいるから、三菱がアピールするほど、実燃費では良好ではなかった。とくに車両重量の大きいクルマでは、その差が大きかった。直接噴射式ガソリンエンジンにしたことで優位性を発揮できず、販売を伸ばすことにつながらなかった。

1980年代はRVでリードした三菱も、セダン離れが進むなかで車種を揃えるのが遅れ、販売は伸び悩んだ。2000年8月には公表が義務づけられている車両のクレームを隠していたことが内部告発された。さらに、トラックの欠陥処理を適切に実施しなかったことが世間に知られて、自動車メーカーとしてのイメージを大きく下げた。

三菱は、2000年10月にダイムラー・クライスラー社と提携し、資本導入を受け入れた。財閥グループとして誇りの高い三菱にとって納得のいく提携相手であった。しかし、その後に三菱の経営が苦しくなったときにさらなる資本注入要求に同社は応じなかった。これにより提携は解消、またしても三菱にとってはあまり意味のない提携であった。それにしても、ダイムラーに学ぶものもあまりなかったというのが、三菱の技術陣の実感であったようだ。ダイムラーのほうも本気で提携関係を持続し、成果を得るのに熱心であるのか疑わしいところがあった。拡大路線をとるなかで、三菱から得るものだけを得ようとする姿勢だったようだ。

■国境を越えた合併とその解消

それにしても、ダイムラー・ベンツ社は、国際的な合従連衡の主役であった。生産台数では年間100万台ちょっとであることから、数の論理で推しはかると世界的な競争に単独で立ち向かうのが苦しいと見られた。小型車部門への進出は果たしたものの、それによる飛躍的な量産体制にできるほどではない。そこで1998年にアメリカのクライスラーと合併という、多くの人たちが予想しなかった行動に出た。

クライスラーが経営危機に陥ったことで、合併は比較的スムーズにいった。クライスラーにメルセデスの技術を導入して再生を図り、同時にアメリカにあるクライスラーの販売網をメルセデスが使えるというメリットがあった。拡大路線を敷くダイムラー・ベンツのシュレンプ社長の決断で合併を強行、ダイムラー・クライスラーが誕生した。

しかし、実際に企業体質はかなり違っており、うまく効果を上げることができなかった。メルセデスのシャシーなどを使用して、クライスラーブランドの乗用車を世に出したものの、期待したような販売拡大にはつながらなかった。ダイムラー本体も、有りあまる利益を上げているわけではなかったから、拡大路線を選択したシュレンプ社長への批判がダイムラー内部で高まった。そんなところに、三菱に追加の資本提供を要請され、これに応じようとしたシュレンプ社長に対して、さらに批判が高まった。

ドイツの組織では、各社の監査委員会が経営者の人事を左右する力を持っており、ここが三菱への追加支援を拒否することになっただけでなく、クライスラーの分離の方向が出された。クライスラーというお荷物を抱えていたのでは、ダイムラー自身の経営まで危うくなるという判断であった。クライスラーは、2007年にヘッジファンドが資金を出してダイムラーと分離され、再びクライスラーとして独立した。

大山鳴動、ネズミ一匹であった。再び独立したクライスラーは販売の低迷に苦しみ続けた。

■ルノーの傘下となった日産

1999年3月、ルノーと日産の国境を越えた提携も注目されるものだった。この場合は、日産がクライスラーと同じ立場であった。ただし、技術的な蓄積ではルノーよりも日産の方がはるかに優れており、ルノーにとってのプラスも大きかった。そのために、ダイムラーとクライスラーとの場合と違って、現在まで良い関係を保ち、小型車用のガソリンエンジンの共同開発やプラットフォーム(車台)の共用化など、提携の効果が上がっている。

1990年代の後半になると日産の経営は相当に苦しくなっていた。1970年代から80年代にかけて石原俊社長時代に立ち上げたメキシコ工場、スペイン工場などは赤字続きで日産の財政に大きな負担となっていた。この時代の積極的な海外進出の多くは実りのないものだった。アメリカへの輸出でも、トヨタに大きく水をあけられており、勢いのあるホンダにも抜かれる始末だった。

1990年に901運動と称して、日産の技術陣はシャシー性能で世界一になるという目標をかかげて注目されるクルマを市場に出した。プリメーラ、スカイラインR32、フェアレディZなどである。この運動は開発現場の技術者が起こしたもので、ヨーロッパ車に負けない走行性能のクルマにすることをめざした。そ

左はルノーと提携したことにより開発された直列4気筒エンジンを搭載する日産ノート。右は1990年代の日産を代表する高性能車スカイラインGT-Rのプラットフォーム。現在は姿を消した直列6気筒エンジンが搭載されていた。

れなりに成果を上げたにもかかわらず、バブル崩壊により継続した運動にならなかった。経営トップが、こうした下からの積極性を車両開発に活かすことができる組織になっていなかったのだ。

その後、目立ったヒットモデルもなく、資金繰りも行き詰まって、このままの状態が続けば破綻するところまで追いつめられた。世界的な合従連衡の時代に入っており、海外の有力メーカーの資本を受け入れて再起を図ることになった。有力候補だったダイムラー・クライスラーに断られ、最終的に8000億円という多額の資本を注入することを決断したルノーの傘下に入ることになった。

再建を図るために日産に派遣されたルノーのカルロス・ゴーンは、積極的な姿勢を見せた。歴代社長が新しい方向を打ち出すことがなく、護りに徹したかたちになっていたから、ゴーンの積極性は際立って見えた。それまで、トヨタが絶え間なく実行しているコスト削減に、日産はあまり手を付けていなかった。

ゴーンは、タイヤメーカーのミシュランで経営者として注目され、ルノーの経営陣に迎えられ実績を残しているだけに、経営立て直しを託すにはうってつけであった。日産の置かれている状況を的確につかみ手を打った。しがらみがないだけに、都下村山にある旧プリンスの工場閉鎖や部品購入の価格引き下げ、組織の欠陥を見つけて改めるなど、矢継ぎ早に対策した。コストカッターといわれたように、コスト削減にもっとも力を入れた。

日産社長となった半年後の1999年9月に日産リバイバルプランを発表した。その際に、内容を日本語で発表するなど、ただものでない印象を与えることに成功した。日産の人たちは、ゴーンのいうことに忠実にしたがい、ゴーンは思い通りに行動することができた。上司のいうことに忠実な人たちが多いものの、もともと日産はポテンシャルのあるメーカーだったから、的確な指示の元にマイナスの側面をなくすことで業績は回復した。

問題は、その先だった。自動車メーカーとして安定して業績を上げるにはヒットとなるクルマを出すことが重要である。組織の効率化を図ることやコスト削減などは、いってみれば対症療法である。自動車メーカーでもっとも大切なことは、ユーザーに支持されるクルマを市場に出すことだ。それによって、将来が保証される。スカイラインやフェアレディという車名は残ったが、伝統あるニッサン車が否定され、新しい車名を持ったクルマが続々と登場した。話題性はあったが、トヨタやホンダのようなめぼしいヒット作は出ていないのが現状である。

■日本のトップメーカーから世界有数のメーカーとなったトヨタ

1990年代からのトヨタは、世界で存在感を示すメーカーとなった。日本のトップメーカーとしての地位をしっかりと維持し、その収益も安定して確保した。しかし、セダン離れに対する手を打つのは遅れて、国内のシェアを伸ばすことができなかった。そのうえ、新しいことに果敢に挑戦するイメージがなく、自動車メーカーとしては保守的な印象を強めて若者に支持されなくなっていた。

指導者となる人たちも、1950年ころまでの苦しいなかで知恵を絞ってがんばってきた経験を持つ人たちから、順調に業績を伸ばしてきた時代しか知らない人たちに替わってきた。

1967年から社長としてリーダーシップを発揮してきた豊田英二は1982年から会長となり、豊田喜一郎の長男である豊田章一郎が社長に就任、1992

1999年にトヨタは創業以来の生産累計で1億台を突破した。それを記念した写真で、左から奥田碩、豊田英二、豊田章一郎、豊田達郎、張冨士夫の歴代社長。

年に章一郎の弟の豊田達郎が社長になり、章一郎会長となった。このときに、1950年代からトヨタを背負い続けた豊田英二が経営の第一線から退いた。

豊田章一郎は、会長となるとともに日本の財界トップとなる経団連の会長に就任した。日本を代表する企業からの起用はごく自然なことと受け取られた。

財界総理といわれる経団連会長になることは、一企業の利益中心に行動するわけにはいかず、広く日本の将来について方向性を示すことになる。トヨタが、それを引き受けることは、それまでのトヨタの企業グループ中心の活動から一歩踏み出すものであった。その意味でも、豊田章一郎の経団連会長就任は、トヨタにとっても大きな転換点といえることだった。

経団連会長となれば、その行動や発言は常に注目されるし、経済界に問題が起これば、その解決のために行動し発言する機会が増える。政治との関係も重要になってくる。そのために、優秀なスタッフで章一郎を支える体制がトヨタのなかにつくられた。その中心になったのが、のちにトヨタ社長になり、日本経団連会長になる奥田碩である。経済活動しか頭になかったトヨタが、政治力を持つようになったのである。

1994・95年に起こった自動車を巡る貿易摩擦での日米の交渉で、トヨタの政治力が発揮された。アメリカ政府と日本政府の大臣レベルの話し合いであったが、最終的にはトヨタがアメリカで生産を拡大すること、部品メーカーもアメリカに進出すること、アメリカ製部品や材料をできるだけ使用することなどの方針を打ち出すことで決着した。ゼネラルモーターズの乗用車キャバリエを日本でトヨタのディーラーを通して販売するという提案もそのなかに加えられていた。日本のトップ企業となったトヨタは、世界のなかで生きていくために政治力を付け、それを発揮するメーカーになったのである。

これ以降は日本とアメリカでの自動車に関する貿易摩擦は起こっていない。トヨタは、それまで以上に自動車メーカーとして現地に溶け込んで、企業活動のかたわら現地でできるだけの貢献をする姿勢を見せるようになっている。

■プリウス発売を契機に攻勢を強めるトヨタ

1995年に豊田達郎社長が脳溢血で倒れて、社長が奥田碩に交代した。長く続いた豊田一族に替わる就任であった。トヨタの歴代社長のなかでもっともアグレッシブに行動する人物である奥田は、すぐに「トヨタは変わらなくてはならない」として、若者に支持されるクルマづくりを指示した。内向きだった企業としてのエネルギーを広く世界に展開する方向が打ち出された。積極的に世界企業になるというのはトヨタの新しい方向であり、トヨタが政治力を高めたのと無縁ではない。

国内販売でも、若者中心の販売チャンネルとして旧オート店を「ネッツ」店としてイメージを変え、若者をターゲットとしたクルマを出すなど積極的な姿勢を見せた。同時に、ホンダに先行されたミニバンやSUVなどを矢継ぎ早に投入していった。アメリカでも、若者向きのチャンネルであるサイオンを立ち上げた。

きわめつきは、1997年10月のハイブリッドカーであるプリウスの発売である。このクルマが市販されるタイミングは絶妙であった。それまでのクルマとイメージが異なるもので、燃費の良さでは画期的な機構のクルマであった。このクルマが、このときに市販されることになったのも、奥田社長の積極的な姿勢によ

初代プリウスとその開発スタッフ。ルーティーンの車両開発とは異なり、プリウスはかなり先のクルマのあり方をかたちにしようとしたプロジェクトから生まれたもの。長期的なビジョンに立っての技術開発の重要性を認識させるものであった。

るものであった。

1980年代の後半になってから、地球環境に対する関心が次第に高まってきていた。温室効果ガスとして働く二酸化炭素（CO_2・炭酸ガス）の削減の必要性がそれまで以上に叫ばれるようになったのだ。世界の国々が協力する必要があった。国際連合のなかにある世界気象機関（WMO）と環境計画機関（UNEP）が共同で地球温暖化に関するデータを収集し、1988年に各国間の政府間検討組織が設立された。そこで、どのように削減していくか調査研究することになった。

各国の組織が一同に会したのは1995年のことで、最初の会議はベルリンで開催された。ここで、詳細な数値目標を設定することが確認された。それを受けて1997年に日本が議長国となって会議が京都で開かれた。このときに各国のCO_2削減目標が討議され、その結果が「京都議定書」として採択された。具体的には2008年から2012年の5年間の平均排出量での1990年の排出量に対して先進国は5・2％以上に、日本やカナダなどは6％、ヨーロッパは8％の削減が目標値として決められた。これが実行に移されるためには、各国で批准する必要があるが、アメリカが前向きでなかったのは周知の通りである。

地球環境に対してできることをしようという意識が、かつてないほどの高まりを見せた直後に、プリウスが燃費を飛躍的に良くした機構のクルマとして発売された。このときのキャッチフレーズが「21世紀に間に合いました」というもので、鉄腕アトムで知られる手塚治虫をキャラクターに使用することで効果を高めた。

■ハイブリッドカー開発のいきさつ

ハイブリッドカーが誕生した背景を説明すると長くならざるを得ないが、1990年代に入ってすぐに電気自動車の普及がめざされたことが関係している。カリフォルニアでゼロエミッションカーとして排気に有害物質が含まれない電気自動車を各メーカーが１９９８年までに一定の割合で実用化することを義務づける排気規制を打ち出したのだ。

それを達成できないメーカーは、同州で販売できないことになるから、アメリカや日本のメーカーは必死に取り組んだ。電動モーターを働かせるにはバッテリーが欠かせないが、蓄電能力を高められないことが実用化を阻んでいた。

このときも、課題をクリアできる見通しが立てられず、電気自動車を普及させることができなかった。しかし、ようやくのことで、ニッケル水素バッテリーと交流の永久磁石同期モーターの組み合わせで、それまでよりも効率の良い電気自動車がつくられるようになった。このときの技術的追求がハイブリッドカーに活かされたのだ。

プリウス開発プロジェクトは、21世紀のカローラはどんなクルマになるかというテーマで１９９２年頃から始まり、その過程で燃費を通常の半分にするという厳しい命題が与えられた。その回答としてエンジンとモーターを併用するシステムを採用することにしたのだった。

考え方としては、エンジンとモーターの利点を徹底的に生かし、エンジンは燃費の良い領域だけに限定して働かせる。自動車用エンジンは低回転から高回転まで幅広く使用するものであるが、本来エンジンは狭い回転範囲で効率的に使用すると燃費は飛躍的に良くなる。またエンジンの弱点は、発進時や加速時に高いトルクが欲しいが、低回転時は低いトルクしか発生しないことだ。モーターは逆に発進時にト

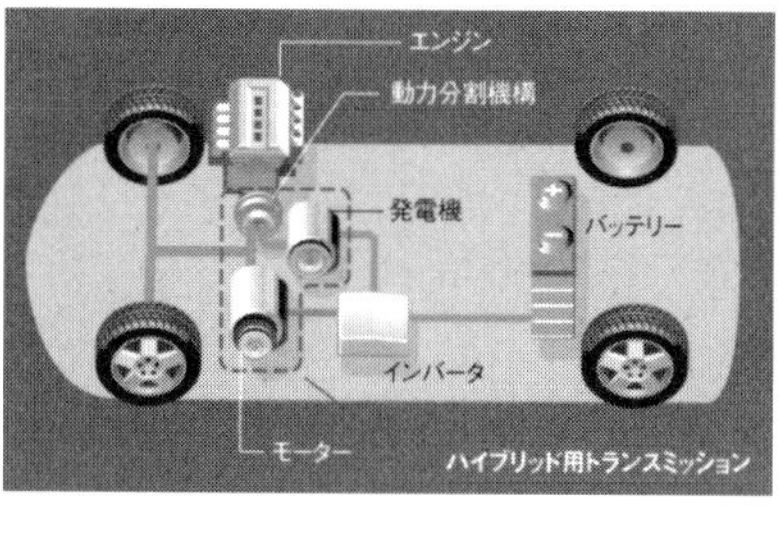

ハイブリッドカーのプリウスのシステム。エンジンのほかに駆動用のモーターと発電用のモーターと二つあるのが特徴。機構としてはFF方式で、重量のかさむニッケル水素バッテリーはトランクスペースに積まれる。その後の改良でスペース効率はかなり向上している。

ルクが最大になる。したがって、モーターとエンジンの駆動力（トルク）をうまく使い分けると良い。そのためには、かなりむずかしい制御をしなくてはならないが、それまでのエンジン開発でノウハウが蓄積されていた。

ハイブリッドカーが実用化できる技術的な背景がつくられていたわけだが、市販するにはガソリンエンジン車と同等の走行性能や車両価格になっている必要がある。ガソリンエンジンのほかにモーターやバッテリー、さらにそれらを制御するシステムを搭載するから、ハイブリッドカーは機構的に複雑になり、コストもかなりかかる。燃費を飛躍的に良くすることができても、ガソリン車並の生産コストに収めるのはむずかしかった。プロジェクトとしてもすぐに市販することが前提ではなかったから、開発チームは市販するのはまだ先のことと思っていたのだ。開発チームが想定していたよりも市販が早められたのは、政治的な判断によるトップからの指令であった。

■新しい動力のあり方を巡る各メーカーの動向

自動車を新しい地平に導く先進的なシステムの実用化になみなみならぬ意欲を持っていたのがダイムラー・ベンツ社だった。最初に自動車をつくった自負を持つメーカーだけに、将来の自動車動力のあり方についての研究開発で、どこにも負けないように進めていた。プリウスが姿を現す前に、同社は将来の動力の見通しについて、いち早くアナウンスしていた。

それによると、ガソリンエンジンの進化を続けながら、2000年ころからはハイブリッドカーが市販されるようになり、その後10年ほどのあいだに燃料電池車の開発が進み、2020年ころにはガソリンエンジン車から燃料電池車に取って代わる時代が来るという見通しを示した。ハイブリッドカーは、ガソリンエンジン車から燃料電池車へと移行するあいだをつなぐ過渡的な動力という位置づけであった。したがって、ダイムラー・ベンツ社はハイブリッドカーよりも燃料電池車の開発に積極的な姿勢を見せた。これは１９９０年代半ばのことで、燃料電池車の開発では同社が先行しており、日本のメーカーは技術的に追いつくための努力に本腰を入れようとしている状態だった。

ゼネラルモーターズやフォードも燃料電池車の開発を始めており、トヨタがハイブリッドカーを出したときには、過渡期のシステムであるからトヨタのハイブリッドカーは脅威ではないという見解を示した。

実際には、トヨタが世界で最初に画期的なハイブリッドカーを出したことに驚きを持っていたのだが、それを素直に認めることは、メーカーとしての誇りが許さなかったようだ。しかし、燃料電池車は、実用化するには難題がいくつも立ちはだかっており、5年や10年で実用化できるものではないことが明瞭になってきた。ハイブリッドカーは過渡期の動力であると無視してよいものではなかったのだ。

市販されたプリウスは、システムとしてよく考えられたものであり、開発の過程でたくさんの特許を取得していたから、他のメーカーが同じシステムのクルマを急いでつくることはできなかった。それほどに、プリウスは世界の自動車メーカーに衝撃を与えるクルマであった。

発売当初は、未熟児のようなところがあり、走行性能はほめられたものではなかった。急いで市販したせいであったが、自動車用動力のあり方として一石を投じ

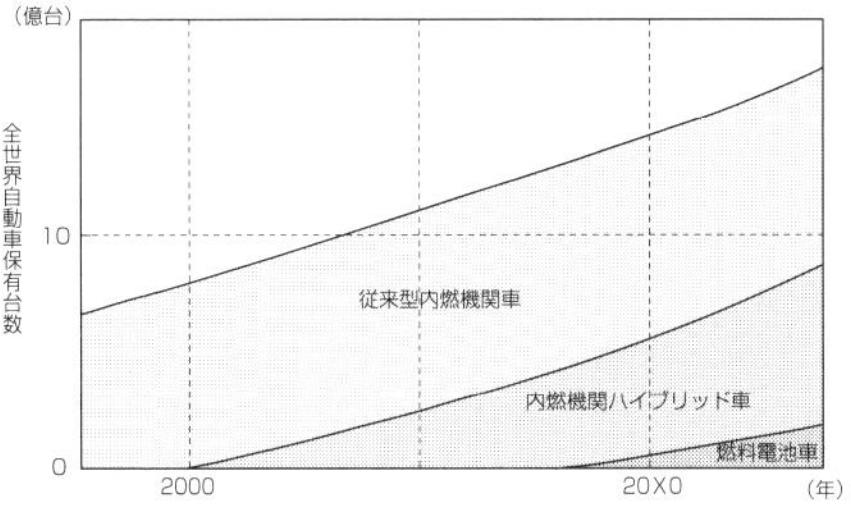

将来的な自動車用動力の変遷予想のひとつ。X＝30年くらいという読みが一般的と思われる。したがって、このグラフでは内燃機関やハイブリッドカーはかなり長期にわたって使用されるものという予測になる。しかし、これに電気自動車が加わると様相は違ったものになる。

るもので、高く評価された。車両価格は同じクラスのクルマと比較して40万円ほど高かったが、実際のコストはそれ以上であると思われた。それだけトヨタが利益を度外視した価格を設定したのだ。市販してからもコスト削減の努力が必死に行われた。

走行性能の改善も市販するとともに始められた。モーターの出力を上げ、エンジンを改良するなどして2年後のマイナーチェンジで、クルマとしての走行性能の向上は著しいものがあった。そのあいだにバッテリーの生産体制なども見直された。

このクルマのためにニッケル水素バッテリーの生産工場をパナソニックとトヨタの共同出資で立ち上げたが、バッテリーのノウハウを持つパナソニック主導で進められた。しかし、バッテリーはトヨタの考える品質や精密度とは違うものになっていた。自動車用と電気製品用とでは、品質に対する要求に大きな差があったのだ。家庭などで使う製品では多少大きくなっても許容されるが、自動車という狭い空間のなかで使用されるものでは、わずかな大きさの違いも重要になる。部品としての精度要求も高い。それだけ自動車では厳しく管理し、品質の高さが求められる。そのために、バッテリーの生産体制もトヨタ主導で改められた。

アメリカのブッシュ政権は京都議定書に否定的であったが、地球環境に配慮する人たちの勢力はアメリカでも大きくなっていた。トヨタは、ハイブリッドカーを環境に優しいクルマであるとキャンペーンすることで、トヨタの先進性をアピールした。アメリカのメーカーがハイブリッドカーを評価しないムードをつくろうとしていることへの反発であった。

アメリカにおけるプリウスのキャンペーン活動の一こま。全米を走るなかでエコカーに対する関心の高さを感じ取ってトヨタは自信を深めることができたようだ。

トヨタが目をつけたのはハリウッドスターたちであった。環境に配慮する姿勢を示すことは、一部の人たちのあいだではステータスになりつつあった。プリウスに乗ることでそのイメージを強めることができれば、トヨタにとってもプリウスに乗る俳優にとっても、メリットのあることだった。アメリカ中をプリウスで走行して、各地でキャンペーンを張って、プリウスを支持する人たちを増やす作戦が展開された。グリーンキャンペーンが説得力を持つ時代になっていたことも、プリウスとトヨタに味方した。

プリウスはアメリカでも評判となり、ハイブリッドカーとプリウスは、ガソリンエンジン車とは違うエコカーとしてのイメージを植え付けることに成功した。

■ホンダのハイブリッドカーの登場

トヨタのハイブリッド技術に対抗できる技術力を発揮したのはホンダであった。日本のメーカーのなかで外資との提携に走ることなく、トヨタとともに独立性を保ったホンダは、セダン中心の路線で販売も落ち込んだが、1990年代後半から再び成長軌道に乗った。

時代の変化に対応しようと、1994年にミニバンのオデッセイを投入してヒットした。それまでのレクリエーショナル・ビークルは商用車ベースのクルマであり、乗用車を得意とするホンダはいすゞ自動車から供給されてホンダブランドで販売(OEM)するなどしてお茶を濁す程度であった。そこで、アコードのプラットフォーム(車台)を利用してミニバンのオデッセイをつくり、さらにシビックをベースにしてステップワゴンや

ホンダ車に転機をもたらした1994年に市販された初代オデッセイ。乗用車ベースのミニバンとしてヒットした。その後も全高を抑えて走行性能の向上が図られている。

CR-Xなどのミニバンや SUVを次々に出し路線転換を図った。

これらが成功したのは、セダンに近い感覚で乗ることができ、それまでの商用車ベースのクルマと違っていたからだった。セダンからの乗り換えに対する抵抗が少なく、セダンに替わってホンダの主力車種になった。現在まで、ホンダはこの路線を継承して成功している。同じプラットフォームを使用して、異なるモデルをいくつもつくることができ、開発スタートから新型車の投入までの時間を短縮している。

世界に展開するホンダは、地域ごとにクルマのあり方が異なることに対応する体制になったのも1990年代になってのことである。生産工場を持つアジア、アメリカなどで、その土地にあったクルマをそれぞれの地域ごとに開発するようにしたのである。アメリカでは、同じオデッセイというクルマでも、サイズを大きくしてアメリカ人が好む仕様にしている。日本ではセダンの売れ行きが良くなくとも、セダンが売れる地域もある。フレキシブルに路線転換が図れるのがホンダの強みであった。

ホンダは、プリウスに刺激されて、ハイブリッドカーの開発に着手、1999年にインサイトとして結実する。開発スタートから2年で、トヨタと異なるハイブリッドシステムのクルマを完成させ、しかも燃費はリッターあたり33キロと、この時点でプリウスを上まわったのである。

市販されたインサイトは動力だけでなく車体などでも燃費節減のために工夫されて、量産車ではなく実験的なクルマとして登場した。2シーターにして空力的なスタイルになっており、軽量化のためにボディはアルミ製になっていた。エンジンを主体にしてモーターがアシストするもので、同じハイブリッドカーといっても、システムはプリウスと違っていた。トヨタは、この直後にマイナーチェンジを実施して、燃費性能の向上を図って、インサイト以上の燃費性能にしている。

ホンダのエンジンはVTECシステムになっているのが特徴で、エンジン性能の発揮に関して、クルマの走行状態に応じて可変システムになっている。そのシステムとモーターを組み合わせることで、フルパワー時からアイドル時までさまざまに駆動力を調整することができる。そのことで、無駄な燃料を使わないようにする。原理的にはエンジンそのものの燃料消費を最小限に抑えようとするトヨタ方式よりも燃費を良くすることはできない。そのぶん機構的に複雑さの度合いが低くなるからコスト的には有利になる。このあたりは、メーカーによる技術的なアプローチの違い、クルマに対する考えの違いも現れているところだ。

ホンダでは、インサイトに続いて量産車では売れ筋のシビックにハイブリッドシステムを搭載して、シビックハイブリッドとして2000年に発売した。プリウスというまっさらのハイブリッドカーをデビューさせたトヨタのインパクトの強さには及ばなかったものの、環境に優しいエコカーをラインアップに持つメーカーとしてのイメージづくりに成功した。エコカーでトヨタに対抗できるのはホンダであるという印象を与えたのだ。

プリウスによるキャンペーンが浸透していたアメリカでは、ハイブリッドカーを持つメーカーであることは意味があった。この新しい分野のクルマでアメリカのメーカーは遅れている印象を与えざるを得なかったのだ。フォードが、石油にバイオ燃料を混ぜた燃料で走るクルマにしたことで排気がクリーンになるとアピールしても、燃費が良いクルマに対するイメージの良さとは比較にならない程度の効果しかなかった。そのフォードも、トヨタのハイブリッド方式を導入したクルマを出すようになった。

1999年に登場したホンダの初代インサイト。空力的なスタイルで軽量化を図り2人乗りのハイブリッドカーだった。そのため、少量販売であった。

■トヨタの全方位作戦の動向

2002年にトヨタは「2010グローバルビジョン」を作成して、2010年には世界のシェア15%を目標にして生産台数を増やす計画をたてた。1990年代に打ち出したグローバル10で世界のシェア10%という目標を達成し、次には、ゼネラルモーターズを抜いて世界一の自動車メーカーになるという野望を秘めたビジョンであった。同時に、トヨタがめざすべき2020~30年ころの企業像を示し、社会に受け入れられることで発展しようとする姿勢を示した。

1990年代の後半から、トヨタは停滞期を抜け出して快進撃を続けた。1997年のハイブリッドカーのプリウス、1999年の新しい路線のヴィッツ（欧州での車名ヤリス）などのモデルに象徴されるように、保守的なクルマづくりから攻めのクルマづくりに変わった。

ヴィッツはカローラより一まわり軽量コンパクトでありながら、機能部品をコンパクトに収納して室内を広くすることで、時代を先取りしたクルマとして登場した。燃費が良く魅力的なスタイルにするという新しいクルマづくりに成功したのがトヨタのヴィッツであり、ホンダのフィットである。

他のメーカーと同じように、トヨタも中間クラスの乗用車の販売が伸び悩むようになり、コロナやカリーナなどの車種が消滅した。さらに、販売が伸びないスポーティなクルマも整理した。セリカやスープラ、ミッドシップのMR-Sなどが2000年代の初めまでに姿を消した。もともと少量生産車種であったが、トヨタのイメージアッ

トヨタではカローラよりコンパクトなクルマとしてスターレットやターセル/コルサがあったが、1999年にヴィッツに統合された。デザインはヨーロッパにあるトヨタのデザイン本部でのものが採用された。新世代のコンパクトカーであるとともにトヨタの世界戦略車でもある。

プにつながるクルマとしての伝統があった。新しい展開のなかで、これらが姿を消したのは、利益を生むかどうかが存続の基準になったからのようだ。利益の少ないクルマをつくり続けるよりも、売れ筋のモデルを出すことが優先されたのだ。

日本で2005年3月にレクサス店が展開されるようになったのも、そうした背景がある。高級車は利益を生み出すクルマであるが、トヨタはあまり得意としていない。しかし、世界一をめざすとすれば、すべてのクラスで成功することが目標であった。

ヨーロッパの自動車メーカーは、1990年代になってから、日本市場に直接進出してきた。それまでは日本の代理店に販売を任せておいたのだが、直接販売することにしたのは、競争が激しい日本市場で評価されることに意味があると考えるようになったからだ。それぞれの得意分野で日本車に対抗できなければ、生き残りがむずかしいという判断であった。直接進出することで、車両価格を見直しメンテナンス費用も日本車に近いサービスにするなどが可能になった。そのことで、輸入車は日本人にとって身近なものになり、販売台数も増えた。とくにメルセデスやBMWなどの高級車が予想以上に販売を伸ばした。これらの高級車へ、トヨタの上級車のユーザーが移る傾向が見られるようになった。従来はごく一部であったから気にかけなくても済んでいたのだ。

トヨタのレクサス店は、これに対抗したものだ。この展開が日本で成功するかどうかは、トヨタが本当にヨーロッパの高級車と対等以上の高級車づくりに成功するかどうかの試金石となった。しかし、いまのところ成功しているとはいい難い。

日本でも高級車の販売のためにトヨタはレクサス店の展開を図った。クルマが高額なだけでなくサービスも行き届いたものになっているのが特徴だ。しかし、不況になると販売を伸ばすのは大変になるだろう。

たとえば、最高級モデルであるレクサスLS600は、トヨタの売りであるハイブリッドシステムを搭載した上で、全長が5メートルを超えるサイズになって、機構的にも無駄に凝っているために重くなっている。ハイブリッドシステムで多少燃費を良くしても、大衆車の倍近い重量のクルマとなっているのは、豊かさを実感させることができるにしても、資源の無駄使いをしているところがある。この場合のハイブリッドシステムは、エコカーにするためというより付加価値のあるシステムという意味のほうが大きい。しかし、ヨーロッパの高級車と比較すれば、技術的にも感覚的にも優位性があると思う人は少ないから販売が伸び悩んだ。

トヨタが販売台数を拡大しているのは、全方位路線をとっているからだ。軽自動車はダイハツに任せているものの、その上の小型大衆車からクラウン・レクサスに至るまですべての乗用車、ミニバン、SUVなどで、あらゆるクラスのモデルをまんべんなく揃えている。その上で、ライバルメーカーが販売で健闘しているモデルがあると、その対抗車種を出すという戦術をとる。健闘している他社のクルマを個別に狙い打ちして車両価格や装備などで対抗するモデルをつくり、かなりな確率で成功している。

トヨタは、日産の低落があって国内でも圧倒的なトップとなっている。2位を争う日産とホンダは国内の生産や販売で肩を並べているが、その倍の数字をトヨタは確保している。

世界一の自動車メーカーになることをめざして、トヨタはダイハツと日野自動車を完全子会社化した。連結決算をすることになり、二つのメーカーの自動車もトヨタの生産販売数として数えるようになった。ダイハツには1980年代から社長を派遣していたが、日野にも21世紀になってから派遣するようになり、トヨタ主導で経営されて生産体制などの見直しが進められている。

トヨタの関連の部品メーカーも大きく成長している。かつてはトヨタ自動車の一部であったデンソーは、トヨタ以外のメーカーとの取り引きを増やし、企業業績はきわめて良くなっている。デンソーが得意とする電装品などは、自動車のキーとなるシステムであり、同じくアイシン精機も、変速機などでトップクラスの技術を誇っている。これら関連メーカーとの関係を強めた。他のメーカーとの取引きが増えると独立した企業としての意識を持ち、関連会社であるという意識が弱まることにつながるものだが、トヨタグループとしての引き締めが図られたのである。

2002年からトヨタがF1グランプリレースに参戦した。ヨーロッパでのシェアを伸ばすこと、若者に支持されるメーカーになることなどのために重い腰を上げた。経営トップの強い意志によるものだ。

■トヨタのフルサイズピックアップトラック部門への進出

このころになるとアメリカでは、セダンは傍流のクルマになっていた。依然としてCAFEの数値が据え置かれたことと、売れ筋として力を入れているSUV、ミニバン、それにピックアップトラックが商用車に分類されて、アメリカのメーカーは燃費を良くすることに熱心ではなくなっていた。

アメリカでは、道路が傷んでも予算の関係で補修しないところが目立つようになり、スポーツカーでは走りにくくなっていた。こうした道路では、SUVなどのほうが走破性で優れていた。これらは車両重量が重く燃費が良くなかったが、ガソリン価格もそれほど高くなっていなかったので、メーカーもユーザーもあまり気にしなくなっていた。何のことはない、かつてのサイズの大きいセダンが、

東京のお台場にあるトヨタのMEGA WEBにはトヨタ車が広い空間に展示され、試乗することも可能になっている。ハイブリッドカーのシステム展示などもある。

ミニバンやSUVなどに替わっただけで、アメリカ車はアメリカ車のままであった。そのため、燃費の良いコンパクトカーのシェアは、日本車に奪われ続けた。それだけでなく、ゼネラルモーターズやフォードが収益の柱としているSUVやミニバンなどのモデルを日本のメーカーがつくるようになって彼らを脅かした。

アメリカでのシェアを伸ばすには、日本と同様に全方位作戦が有効であろう。その最終仕上げともいうべきモデルとしてトヨタから登場したのが、フルサイズのピックアップトラックのタンドラである。アメリカの自動車メーカーの牙城であるこのクラスのクルマは利益幅の大きいものであった。すでに日産が2003年にタイタンでこのクラスに進出を果たしており、トヨタも2007年に満を持しての参入であった。アメリカのトヨタ販売店もその参入を待ち望んでいた。トヨタがもっとも勢いのある時期であり、そのニューモデルは、きわめて派手な演出で発表され、市販が開始された。宣伝にも力が入れられ、このクルマのために新しくテキサスに専用の工場を設けるという力の入れようであった。

ところが、トヨタが期待するほどの売れ行きを示さなかった。トヨタが長年にわたってアメリカでつくってきたイメージにそぐわないモデルであったからだ。後発メーカーにとって必要となる優位性を発揮することができなかった。派手に参入しただけに、反発が大きくなるというマイナスもあった。

それでも、トヨタの底力でじわじわと販売を伸ばしていくことができるかもと思っているところに、石油価格が高騰した。燃費が良くない分野のクルマなので、その

アメリカのレクサス店用に開発されたトヨタのハリアー。SUVとして良くできていたことと、こうしたクルマが売れ筋になっていたこともあって販売を伸ばした。

影響をもっとも受けて販売は低迷した。そして、2008年秋に証券会社リーマンブラザーズの破綻に始まる金融恐慌がとどめを刺した。トヨタのタンドラは絵に描いたような失敗例となった。全方位路線の最終段階ともいえるフルサイズ・ピックアップトラック部門への進出は、その分野が衰退を辿り始めた最悪の時期だったことになる。

トヨタがアメリカでフルサイズのタンドラを発売し始めたころに、日本経団連の会長をしていた奥田名誉会長が「ゼネラルモーターズは経営的に苦しんでいるようだ」と発言しており、全方位路線をとるとは言いながら、アメリカメーカーの牙城ともいえるこの分野に華々しく参入するのに、トヨタ内部にも慎重論があったようだ。しかし、それまで以上に莫大な利益を計上しようとトヨタ首脳陣によって決断が下されたのだった。

■世界のトヨタへの歩み

トヨタは、現地に溶け込む努力を続けてきた。それが一定の成果を収めて、かつてのような貿易摩擦の懸念が遠のいて、アメリカメーカーからシェアを奪うことに成功していた。2000年代になってから「トヨタウェイ」というトヨタのアイデンティティともいうべき企業としての考えや思想を簡潔に述べた冊子を発行し、世界中で働くトヨタマンにそれらを浸透させようとしていた。自動織機を発明してトヨタの大元をつくった豊田佐吉や、トヨタ自動車の事実上の創業者である豊田喜一郎、トヨタを大きく育てた豊田英二などの言行録を中心にしたものである。

2007年2月からアメリカで発売された2代目タンドラ。初代は中型のピックアップトラックだったが、モデルチェンジでフルサイズとなった。石油価格が高騰し、アメリカが不況に陥る時期と重なったこともあって、最初から苦戦を強いられた。

日本のなかの三河地方という地方の企業であることを原点にしたトヨタは、その基本綱領は世界に通用するものであるという自信を必ずしも持っていなかった。しかし、トヨタの生産方式が世界の自動車メーカーのひとつの到達点として評価されるようになり、次第にトヨタのものづくりの考えが世界で通用するものであるという自信を持つようになった。そのために、世界企業としてトヨタは世界中でトヨタ流を貫き通そうとしたのだ。中国への進出ではヨーロッパやアメリカのメーカーに遅れたものの、それを取り戻しつつあり、フランスにヤリスを生産する工場を建設、ロシアにも工場を建設するなど、世界で生産を増やした。

世界で生産工場を展開し、販売を伸ばしていけばいくほど、ものづくりでトヨタ方式をあまねく徹底するのはむずかしくなる。それを感じたことから「トヨタウェイ」を発行し、トヨタのものづくりの実践を広く伝えようとした。

かつては経験豊富なトヨタマンが直接トヨタ方式を指導し伝承したが、広く展開すればそれが困難になる。世界で生産や販売が伸びるスピードに、そうしたシステムづくりが追いついていくことができにくくなる。全方位路線をとるということは、得意分野を大事に育て磨いていくのとは異なる選択である。自動車メーカーとして他との違いを分かりやすく明確に打ち出すことはむずかしくなる。トヨタのマークがついていなければ、どのメーカーでつくられたのか分からないクルマになってしまいかねない。トヨタがゼネラルモーターズを射程内におさめたときには、期せずしてそれまでのトヨタ流を貫き通すことのできない体質になった面があったのだった。

第八章　これからのクルマはどうなるのか

■これまでにない深刻な不況

皮肉なことに、トヨタがゼネラルモーターズを抜いて世界一の自動車生産を記録したとたんに、リーマンブラザーズの破綻によるアメリカ発の世界不況が始まった。それ以前の見通しでは黒字になるはずだったが、これを契機に販売不振に陥り、トヨタも２００８年度の最終決算で赤字となった。前年まで過去最高益を更新するなどトヨタの経営は万全であり、その好調さが持続すると多くの人たちが思っていたが、販売不振はこれまでにない深刻なものであった。

ゼネラルモーターズを初めとするアメリカのビッグスリーも壊滅状態になった。自動車メーカーのいくつかが危機に陥っているのではなく、自動車産業そのものが、これまでのように活動することができなくなる事態が起こっているようにさえ見えた。

経済不況は、過去に何度も起こっており、そのたびごとに自動車の販売は落ち込んでいる。何年かすれば景気が回復して、自動車メーカーの経営も安定するという楽観論も聞かれる。今回も、その落ち込みの波が大きいにしても、よくある不況のひとつであるという見方だ。希望的観測だろうか。

1929年に起こった世界恐慌のときと違うのは、自動車が先進国だけのものでなくなっていることだ。中国やインド、ロシア、ブラジルなどで自動車を所有する人たちが増え続けている。中国の自動車メーカーがどのように技術力と体力をつけていくのか。先進国の自動車メーカーとの関係がどうなるのかといった問題もある。

これからの時代の変化に対応して自動車メーカーが開発するクルマが、どのようなかたちで登場するのか。そして、自動車メーカーの世界的な地図はどのようになっていくのだろうか。

生物の進化の歴史でも、環境の大きな変化が起こると、それに適して変わることができた生物が繁栄する。自然淘汰というダーウィンの進化論は、自然が少しずつ、あるいは突然に変わることを前提にしている。時間がたつにつれて変化していくのが自然の摂理であり、自動車産業も同じようなところがある。

クルマが変わるにしても、これまで積み重ねてきた技術をうまく使って、新しいシステムや動力を成立させて対応していくことになる。これまでになかったものが、忽然と現れてかたちを変えるようなことはない。

遠い将来のことを予測しても、多くの不確定要素があるから、あまり意味がない。それに、どのメーカーのリーダーたちも、並はずれた先見の明を持って行動しているわけではなく、新しいことに挑戦するのは、積み重ねの上に立っての試行錯誤であるといえる。これからも、失敗がゼロということはあり得ない。

ここでは現在の状態から類推できるクルマの進化のかたちを予断や独断を混ぜながら書き進めることにする。

■これからのクルマのあり方

自動車メーカーが軒並み苦境に陥っているので、車両の技術進化のペースが落ちる可能性がある。しかし、社会の変化に対応したクルマにするには、どのメーカーも「地球環境に配慮した」エコカーの開発に力を入れる方向になっていく。燃費性能が良いこと、排気がクリーンであることの優先順位が、これまで以上に高くなる。石油の消費が少なくなることが何よりも望ましい。そこで、ハイブリッドカーや電気自動車が注目される。しかし、石油燃料を使用しない電気自動車がシェアを伸ばすには、かなりな時間がかかる。当分のあいだは依然として化石燃料に頼る度合いが大きく、地球上の資源もこれまで同様に使用し続けることになるだろう。

そんなことで「地球環境」を良くすることができるのか。発展途上国でクルマが増えていけば、それでは間に合わない可能性がある。しかし、この矛盾を解決する手段を世界は持っていないのが現状である。いくら技術革新が求められても、暫定的な進化をめざすことしかできないように思われる。

既存の動力、つまりガソリンエンジンやディーゼルエンジンを使うクルマの場合は、どこまで燃費を良くすることができるかと同時に、エンジンそのものの軽量化、コンパクト化が求められる。それらはエンジン性能をスポイルしないで達成することが重要な条件である。ハイブリッドカーも含めて、現在の主流の動力は化石燃料を使用するが、バイオ燃料など石油以外の燃料の使用がどこまで進むのか。

また、車両の軽量コンパクト化は、どこまで進むのか。クルマのかたちやスタイルに変化はあるのだろうか。趣味性を持つクルマは生き残れるのだろう

全長3メートルの超スモールのトヨタiQ。室内スペースを広くするために前輪駆動部分のエンジンとトランスミッションの位置関係を見直すなど、全面的にパッケージを改善しており、技術力がないと成立しないかたちにしている。エンジンも直列3気筒である。

か。どこかで画期的な革新を果たし、その恩恵があまねく及ぶのを待つしかないのだろうか。

■ガソリンエンジンの進化

まず自動車用エンジンの主流であるガソリンエンジンの進化についてみてみよう。

誕生してから、世界の多くの技術者たちによって進化改良が続けられ、現在のガソリンエンジンは、その究極のかたちに近いものになっている。将来的に電気自動車が主流になっても、ガソリンエンジンの魅力を求める人たちに熱狂的に支持され、内燃エンジン(燃料が水素などになるにしても)が姿を消すことは当分ないだろう。

現在、ガソリンエンジンに求められているのは燃費性能の向上、軽量コンパクト化と使い良いエンジンにすることである。これに成功した例としてあげられるのが、フォルクスワーゲン・ゴルフに搭載されているTSIエンジンである。排気量を小さくし、必要な出力を確保するために過給装置を付けている。ターボだけでは低速域でのトルクが不足するのでスーパーチャージャーと併用、二つの種類の異なる過給装置をうまく制御して燃費の低減と出力の確保の両立を図っている。その簡易バージョンとしてターボだけのエンジンもある。機構としては新しくはないが、時代の要求に応えた装いのエンジンにすることに成功した。

エンジン性能を良くする努力は各メーカーで続けられ、細部にわたって磨きがかけられている。そのために機構的に複雑化すればコストがかかる。その兼ね合いを考慮しながら実用化が図られる。

大衆車が直列4気筒エンジンを搭載しているのはT型フォード以来のことで、振動や騒音とエンジン性能のバランスがとれているからだ。しかし、1000～1200ccクラスでは3気筒にすれば軽量コンパクトになり、コスト的にも有利である。現に、小型乗用車としてスマートと並んで全長が3メートルと極端に小さいトヨタ・iQは、ダイハツ製の3気筒エンジンを搭載している。少し前は4気筒でないとプアーなエンジンと見られるので、メーカーは使用を躊躇したものだったが、現在はヴィッツにも3気筒が積まれている。

今後は振動に有利な2気筒水平対向エンジンに過給機を付けるなど、軽量化を意識したエンジンが登場する可能性もある。しかし、軽量コンパクトでも新しいタイプのエンジンは、どのメーカーも設備投資をする必要があることから、簡単に出てこないかもしれない。当分はリスクの大きいことを避ける傾向が強くなるようだ。

ガソリンエンジンの効率化を進めるには、各種のロスを少なくすることだ。少しでも無駄な部分をなくす。そのために導入されているのが、直噴エンジンであり、可変動弁機構であり、アイドルストップ機構などである。コストとの兼ね合いがあるが、ガソリンエンジンでの新しい技術展開が期待される。現在はコストのかかる技術は採用されにくくなっており、重箱の隅をつつくような改良が進められている。

ヨーロッパでガソリンエンジンを凌ぐシェアを持つディーゼルエンジンも、ターボとの組み合わせでコンパクト化が図られている。問題は厳しくなる排気規制である。エンジン効率を良くして燃焼効率を高めると粒子状物質(煤・PM)の排出は少なくなるが、窒素酸化物(NOx)が増えてしまう。両方を減らすことがむずかしく、厳しくなる排気規制をクリアするためにシス

フォルクスワーゲン・ゴルフに搭載されるTSIエンジンと自動のマニュアルシフト機構であるダイレクト・シフト・ギアボックスDSG。コンパクトで燃費の良いエンジンと組み合わせ、変速でもトルクコンバーター付きATより燃費が良くなる。

テムが複雑になり、コストのかかるエンジンになるのが泣きどころである。

ディーゼルエンジンはガソリンエンジンよりも熱効率に優れているので燃費は良くなるが、同一排気量ではガソリンエンジンより出力的に劣る。この欠点を克服する手段としてターボが装着され、かつてのディーゼルエンジンとは違って乗用車用エンジンとして機構的に大きく進化している。日本ではディーゼルエンジンは乗用車用としてみた場合、あまり好ましいエンジンではないという印象がある。そのため、メーカーもガソリンエンジンより力を入れて開発せず、技術的にヨーロッパにリードされ、普及も遅れている。

以上の内燃エンジンは、これから述べるハイブリッドカーに比較すれば一見変わり映えしないように見えるが、当分のあいだは主流であり続ける。地道な開発努力でどこまで進化していくかが問われている。

■さまざまなハイブリッドカー

ハイブリッドカーでは、トヨタとホンダがリードしている。しかし、そのほかのメーカーも燃費の良いクルマにするためにハイブリッドシステムの実用化を急いでいる。ハイブリッドというのは、エンジンとモーターの二つの動力を併用することからの名称である。モーターとそれを駆動するためのバッテリーが必要になるので、そのぶんコストがかかり、動力装置全体のシステムが大きくなるので重量もかさむ。したがって、それにかかったぶん以上のメリットがあることが重

右がホンダ、左がトヨタのエンジンにモーターを組み込んだハイブリッドのパワーユニット。ホンダの場合は変速機は別であるが、トヨタはこのなかにある遊星歯車が変速装置になっている。

要である。エンジンだけの動力に頼るクルマの燃費削減には限界があるので、飛躍的に良くするために開発されたのがハイブリッドシステムである。

同じハイブリッドといっても、現在のところ大きく分けて二つの異なるアプローチがある。

ひとつはプリウスに代表されるような内燃エンジンの燃費を最大限に良くするシステムである。この場合は、駆動用と発電用と二つのモーターを搭載し、バッテリー容量もある程度大きくなる。したがって、システムのコストはふくらむが、最大限に燃費を良くすることができる。トヨタは、この方式に磨きをかけてモーターやエンジンの出力を上げて走行性能に配慮し、その上で燃費の良さをアピールしている。トヨタは、この方式のハイブリッドカー開発が、将来の燃料電池車の技術に直接的につながるという考えを持っている。

次にホンダが採用するのは、モーターが駆動力としてエンジン性能をアシストする方式である。トヨタ方式よりもモーターに駆動力を依存する割合が少ないので、システムがシンプルになる。そのぶんモーターの性能もバッテリー容量も小さくすることが可能である。燃費性能ではトヨタ方式ほど良くすることはできないが、コストでは有利となる。エンジン性能にこだわるホンダらしいハイブリッドシステムである。

もうひとつは、上記よりシンプルなハイブリッドカーで、マイルドハイブリッドとも言われている方式である。減速時に運動エネルギーを熱エネルギーとして捨てるのではなく、電気エネルギーとして回収してバッテリーに溜めること、車両停止時(アイドル時)にエンジンストップすることで燃費の向上を図るためにモーターとバッテリーを使用する。バッテリー容量も小さく、モーターの性能も低くて済ますことができる。駆動のほとんど

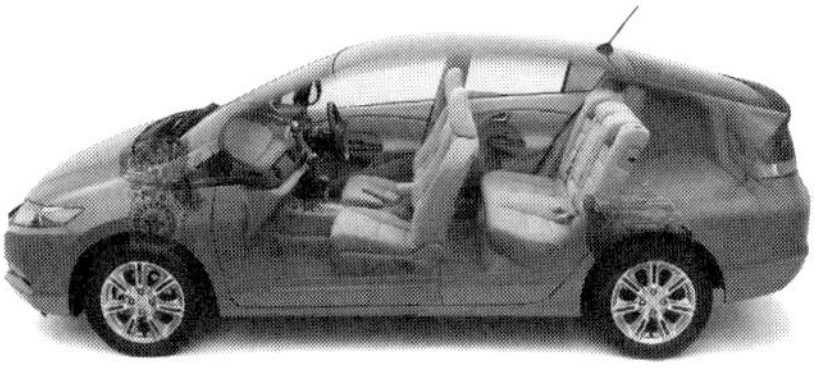

2代目インサイト。ホンダの量産型では最初のハイブリッド専用車。ふつうのクルマに近い車両価格にすることによって販売促進が図られている。

はエンジンが受け持つ。

同じハイブリッドカーといってもさまざまあり、ヨーロッパ車は、なるべくシンプルな機構にして内燃機関の燃費性能をカバーする方式を採用するものが中心になりそうだ。

プリウスやインサイトに使用されているのは、いまのところニッケル水素バッテリーである。リチウムイオン電池よりスペースと重量は大きくなるが、コストが安くて済む。内燃エンジンの燃費節減が限界近くまできているとすれば、ハイブリッドシステムは、当分のあいだは燃費性能を良くする切り札として機能し続けるものになる。

これらと異なるハイブリッドカーにプラグイン・ハイブリッドカーがある。従来のハイブリッドカーに家庭用などから充電できるようにしたものである。主として発電用となるエンジンと、駆動用モーターがあるから動力としてはふたつあるものの、どちらかといえば電気自動車に近いシステムである。バッテリーに充電するための電源プラグがあることでプラグインという言葉が使われている。搭載されているエンジンで発電するので、いざとなれば航続距離を伸ばすことができることが電気自動車より有利な点である。ハイブリッドカーを実用化しているトヨタやホンダは、それを改良してプラグイン・ハイブリッドカーを市販する計画がある。また、ゼネラルモーターズも市販するための開発を進めている。

■電気自動車はいつごろから普及するか

過去に何度も脚光を浴びたが、電気自動車はそのたびに内燃エンジン搭載のクルマとの競争に勝つことができなかった。今度ばかりは違うのだろうか。

２００９年７月から三菱自動車と富士重工業が軽自動車ベースの電気自動車の発売を開始した。当初は、法人や自治体などを対象にしたもので、個人への販売は２０１０年以降のことになる。かろうじて電気自動車普及の第一歩が踏み出されたのだ。

三菱自動車は、他社に先駆けて実用化して、この分野でリードしていくことでメーカーとしての存在感を示そうとしている。三菱のｉ-ＭｉＥＶ（アイ・ミーブ）は、ベースとなる軽自動車がミッドシップタイプなので、モーターはエンジンと同じスペースに搭載している。フル充電すると10・15モード走行で１６０キロの走行ができるという。ただし、車両価格は４５９・９万円で、補助金がつくのでユーザーの負担は３２０・９万円になる。税制面でも優遇されるので、さらに負担が軽くなるものの、ガソリン車より２００万円近く高い。これでは、燃費がいくら安くなってももとをとるところまではいかない。

富士重工業の電気自動車プラグイン・ステラは、家庭用電源からの充電に５〜８時間かけてフル充電すると約80キロ、５分間の急速充電では50キロ走行できるという。こちらのほうが三菱のものよりモーターもバッテリーも小さいが、車両価格は４７２・５万円と高くなっている。

ｉ-ＭｉＥＶは２００９年に１４００台の販売を見込み、２０１０年４月から個人に販売し年間５０００台の販売計画である。ステラのほうは２００９年は１７０台、２０１０年は２００台程度ということで、電気自動車が普及するのはまだ先であるように見える。三菱では電気自動車の普及を期して、車両価格を３００万円ほどに抑えたクルマの発売も計画しているようだ。これは高価なリチウムイオン電池

2009年7月から市販を開始した三菱のi-MiEV。軽自動車をベースにして室内スペースなどは犠牲になっていない。車両価格が高いという問題があるが、電気自動車の普及への最初の一歩として注目されるもの。

の容量を小さくすることで価格を下げる。そのかわり、航続距離が短くなるわけだ。補助金により、購入にかかる費用が200万円ほどになるから限定した使用であれば手が届く価格となる。

実際に実用化が進むかどうかは、ひとえにバッテリーの能力が向上するか、コストが安くなるかにかかっている。三菱では、数年先には年間3万台を見込んでいるが、そうなると量産効果によりバッテリーの単価が安くなる可能性がある。

電気自動車の歴史も、ガソリンエンジン車と同じくらい古いものだ。1900年代はじめにフェルディナント・ポルシェが最初につくったクルマは電気自動車だった。しかし、航続距離が短いので、ポルシェは発電用のエンジンを搭載してモーターで駆動するクルマをつくった。これが最初のハイブリッドカーであり、当時これはミクステと呼ばれた。そのころの問題が現在に至るまで根本的な解決を見ていないから、電気自動車は普及しなかった。

電気自動車の場合は、加速や高速走行をすると消費する電力が大きくなるので、そのぶん航続距離が短くなる。おとなしく走らないとバッテリーの消耗が早いのだ。電気自動車の場合はリチウムイオン電池が本命視されているのは、ニッケル水素バッテリーでは重く大きくなりクルマとして成立しないからだ。

燃料代で換算すると、電気自動車は劇的に安くなる。電気料金は一様ではないので大まかな比較になるが、100キロの走行にかかる電気代は三菱のデータでは10・15モードで約270円になるという。同じ車体のガソリン車の3分の1の価格

■システム構成図

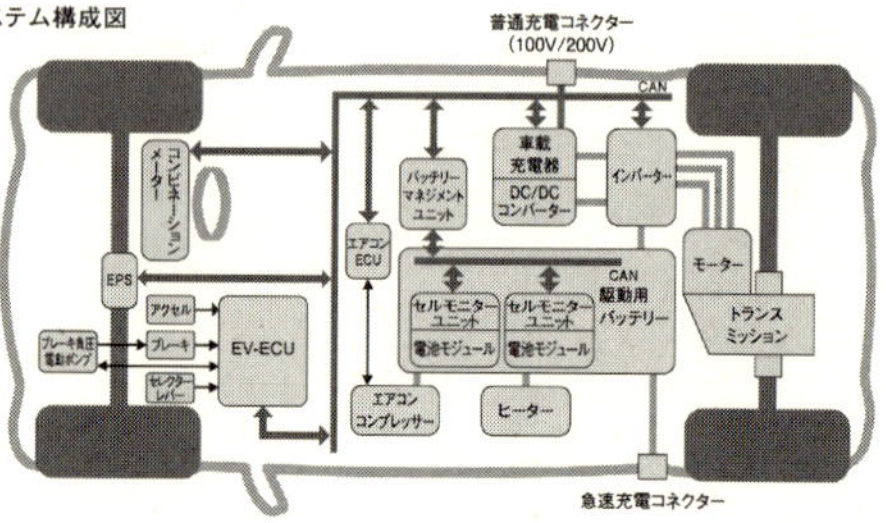

i-MiEVのモーター出力は軽自動車のガソリンエンジンと同じ47kWであり、トルクは180Nmと倍以上の性能になっている。したがって、発進加速などは力強く元気に走る。

ですむ。さらに、夜間電力を使用するとその3分の1、つまり9分の1となる。しかし、燃料代で100万円安くなるまで乗るのは容易ではない。しかも、充電に時間がかかり、航続距離も限定される。郵便事業や電力会社、さらには公官庁などの使用が中心で、環境に配慮する宅配やコンビニなどの小口配送などにまず使用され、個人で購入するのは、少し先のことになりそうだ。

それでも、電気自動車は少しずつ普及していく可能性がある。行政が実用化を支援し、自動車メーカーも、これまでとは違って本格的に取り組んでいるところがあるからだ。

電気自動車をいち早く市販する三菱は、リチウムエナジージャパン(GSユアサと三菱自動車の共同出資会社)からバッテリーを供給され、日産はNECと組んで量産を目指す。トヨタ・パナソニック連合も、ニッケル水素バッテリー製造だけでなく、リチウムイオン電池の開発を行っている。また、ホンダはGSユアサと提携して新会社を設立してリチウムイオン電池の実用化に向けて開発を始めている。日立製作所や三菱重工業も実用化をめざすなど、激しい開発競争が繰り広げられている。

■電気自動車の将来への研究

現在は、電気自動車の実用化の第一段階の入口に立ったところだ。ようやく電気自動車として、実用化への道筋がつけられた段階である。したがって、バッテリー容量などに問題があるので車両の負担をできるだけ小さくするために、車両の軽量

i-MiEVに搭載されるリチウムイオンバッテリー。総電圧330Vで総電力量は16kWh。密度の高いリチウムイオン電池を4個または8個の電池セルとして直列に接続した電池モジュールとなっている。車体床下中央に配置される。車両価格を安くするEVの場合はこの電池の容量を小さくする。

化が求められるから、三菱自動車も富士重工業も軽自動車をベースにしたもので市販している。また、安全性に配慮してバッテリーを初めとする高電圧システムは堅牢なフレームで保護されている。バッテリーの重量がかさんで、i-MiEVの場合は同じ軽自動車のガソリン車より200キロも重くなっている。

日産も電気自動車の開発に力を入れている。2005年や2007年の東京モーターショーで、電気自動車を参考出品していたが、その後、実用化に向けて本腰を入れるようになった。

2010年夏に市販する計画といわれ、5人乗り小型ファミリーカーとしての電気自動車となる。当初はコンベンショナルな一軸モーターでリチウムイオンバッテリーを搭載する。三菱と同じく一度のフル充電で160キロ走行が可能であるという。最初から量産を前提として計画されている。バッテリーはスペース的に有利なラミネート構造になっている。

肝心の車両価格も、最初から安くすることはむずかしいにしても、補助金があれば個人で購入することができる程度になりそうだ。量産するとなれば、リーズナブルな価格にする必要があるから、その見通しを立てたのかもしれない。

電気自動車は、モーターのほかにバッテリーや各種の制御装置、コンピューター、エアコンなどさまざまなシステムや部品を搭載する。三菱i-MiEVではモーターはリアに積まれ一軸で左右のホイールを駆動する常識的な駆動方式を採用している。開発の初期には、モーターをホイールのなかに組み入れて駆動する

モーターショーに参考出品された日産の電気自動車PIVO。3人乗りでシンメトリーになっているのでボディが前後に回転してバックで走る必要がない。日産が開発したスーパーモーターを使用し左右の駆動力も可変になる。モーターを二つ使って四輪駆動にすることができ、前後のホイールがステアするので、狭い道でも走ることができる。リチウムイオン電池はラミネート式になっているのでスペース的にも有利。バイ・ワイヤー式にするなど先進技術が使用されているので、こうしたEVをすぐに市販することはむずかしいだろう。

インホイールモーター方式がトライされていたが、途中でオーソドックスなレイアウトに変更している。

将来的には、モーターの出力や搭載方式、駆動方式、さらには駆動制御方式など技術的・機構的に多彩になる可能性がある。当分のあいだは、車両価格と安全性という壁をクリアするために市販される電気自動車は三菱・i-MiEVと同じようなシステムで、モーターやバッテリーの搭載位置が変わる程度のものである。しかし、電気自動車がある程度普及するめどが立てば、各メーカーによって、さまざまなタイプの電気自動車が出てくると考えられる。そうなれば、本格的な実用段階に入ったことになる。これが第二段階といえるだろう。各メーカーが優位性を示そうとして技術競争に入る電気自動車のことを意味している。

インホイールモーターにすると、モーターが二つになるほか機構的に複雑になり、そのぶんコストがかかり安全性でも問題が多くなるが、さまざまな駆動配分が可能になる。また、四輪にモーターを組み込めば四輪駆動になり、さらに可能性が広がる。こうなるには、かなり時間がかかるだろうが、電気自動車に対する期待は大きい。しかし、我々はすでに完成の域に達したクルマに乗っているので、電気自動車でも同等の安全性が要求されている。1万台のうち1台でもトラブルが発生すれば、電気自動車はまだ未熟な技術だというレッテルを貼られかねない。新しく実用化することは、想定しないようなトラブルが起こる可能性がゼロではなくリスクがともなうことだ。

i-MiEVの冠水走行テスト。電気という感電するおそれのあるものなので、その安全性を確保するためにさまざまなテストが実施されている。新しい動力だからといっても、ガソリンエンジン車と同等の安全性を確保することが市販する条件となる。これは、思っている以上に厳しい条件なのである。

第二段階でさまざまなシステムや駆動方式が試みられたあとで、スタンダードとなるいくつかのタイプが主流となり方向性がつけられ、第三段階に入る。ここで、電気自動車はようやく成熟期に入り、バッテリーのコストとエネルギー密度などの問題が解決されることになる。

2008年3月に経済産業省が「Cool Earthエネルギー革新技術計画」をまとめ、電気自動車のバッテリー性能とコスト向上のための目標をかかげている。それによると2015年には性能で1・5倍、コストで7分の1とし、2020年にバッテリー性能3倍、コストで10分の1、2030年にバッテリー性能で7倍、コストを40分の1とするロードマップを描いている。

この目標どおりにいけば、一回の充電でガソリンエンジン車並みの走行距離が確保できるようになるのは2020年ごろになる。したがって、ガソリンエンジン車のシェアを奪うようになるのは、2020年以降のことになる。ただし、画期的なブレークスルーが実現する可能性もゼロではないので、それより早く普及することもないとはいえない。いっぽうで逆に遅くなる可能性もなくはない。

現在は、各国ごとにバッテリーに関して国を挙げての開発に取り組み始めている。したがって、各企業あるいは自動車メーカーとの共同による開発競争が熾烈になっているものの、どこかが抜きんでたら独占的に使用するのではなく、共通に使用できるようになる可能性がある。電気自動車のキーとなる高密度のバッテリーはどのメーカーも同じように最先端のものを使用し、それ以外のところで優位性を出すようになるわけだ。これは、たぶんどの国でも共通しており、競争は国家間のものになるのかもしれない。

日本政府も、電気自動車の実用化を目指して250億円を投入して電気自動車の走行距離と製造コストを下げる活動を支援している。その作業は新エネルギー・産業技術総合開発機構（NEDO）がとりまとめる。アメリカでも、オバマ大統領になって「グリーンニューディール」が掲げられており、連邦政府の音頭取りで同様に研究開発に多額の予算が振り向けられる。

■将来の動力としての燃料電池車

もしリチウムイオン電池か、それに続く新しいバッテリーが飛躍的な進化をとげれば、燃料電池車が登場する可能性は小さくなる。バッテリーの進化がむずかしいから、自動車にわざわざ発電装置である燃料電池(フューエル・セル、FC)を搭載しなくてはならないのだ。ただし、プラグイン・ハイブリッドカーなどと違うのは、燃料電池車の場合は化石燃料を使用しないので、排気の問題が根本的に解決を見ることになる。

燃料となるのが水素である。将来的に水素がエネルギーの主役になるという見方があり、それを今から想定して開発が進められている。

2003年から公官庁などへの導入が開始されて、本格的な走行テストが実施されるところまで来ている。燃料電池車は自動車としての機能を備えて使用できるものになっているが、内燃エンジンに取って代わるまでには大きな課題がいくつもある。実際に、ユーザーが個人で購入するようになるとしても10年とか20年とか先になると思われる。

最初に燃料電池車に取り組んだのはゼネラルモーターズであるが、実用化をめざして新しく開発を始めたのはダイムラー・ベンツ社である。1994年に最初の試作車を発表している。これは圧縮水素だったが、その後メタノールを改質し

トヨタの燃料電池車のFCHV。トヨタ方式のハイブリッドシステムをベースにしているもので、高圧の水素ボンベが搭載され、パワーユニットはガソリンエンジン車のレイアウトを踏襲している。

て水素をつくり、それを酸素と反応させて発電するシステムの試作車が１９９７年に発表された。

その後、石油メジャーが介入して、アメリカではガソリンをベースにした燃料を改質して水素をつくる方式が模索された。しかし、水素をつくることまでクルマのなかでするのは効率が良くないから、現在は水素スタンドから供給することを前提にして開発が進められている。

有害物質であるメタノールを改質して水素をつくるのは好ましくないと判断した段階で、ダイムラー・ベンツ社は開発のペースが落ちた。そのあいだにリードするようになったのがトヨタとホンダで、現在はこの二つのメーカーがもっとも熱心であるように見える。

燃料電池スタックのキーとなる技術は触媒と膜のふたつである。水素をイオン化するために特殊な触媒を使い、イオン化された水素だけが通ることのできる電解質の膜を通って空気のなかに含まれる酸素と反応させることで発電し、その電気をバッテリーに蓄えてモーターを駆動する。排出されるのは水素と酸素の反応でできた水あるいは水蒸気である。したがって、排気が汚れる心配はない。

技術的な課題は、触媒にプラチナを使うなどでコストがバカ高いことだ。プラチナの使用量を少なくしてもイオン化できる触媒にする努力が続けられ、少しずつ効果が出てきているようだ。また、イオン化された水素だけが通過できる膜を完成させるのも容易なことではない。生物を構成する細胞などにある膜も通過可能なものとそうでないものを微妙に選り分けているが、精密で耐久性のある膜を人工的につくることは簡単ではない。これまでの自動車技術とはまったく違う世界の技術である。

現在のところは、燃料電池車を一台つくるのに一億円もかかるといわれるコストが最大の課題だ。これを百分の一まで下げるのは簡単なことではないだろう。

もうひとつの問題は、水素の搭載である。水素のエネルギー密度は、ガソリンに比較して低いから、航続距離を長くするためには水素を圧縮して搭載しなくてはならない。少しでも漏れると危険だから圧力に耐えられる高圧ボンベを搭載する必要がある。軽量なボンベは費用がかかるし、ボンベの搭載のためのスペースも必要になる。また、水素は二次エネルギーであり、そのままのかたちでは地球上に存在しないので、一次エネルギー(石油、太陽光など)からつくり出さなくてはならない。つくれたとしても、水素を供給するスタンドをつくらなくては普及はおぼつかない。

というわけで、次世代動力としての可能性があるにしても、実用化にはまだまだ時間と費用がかかる。アメリカでの販売が落ち込んで、各メーカーの収益が悪化するなかで、開発のための投資をこれまでと同じペースでできるのかという問題もある。直近の解決しなくてはならない技術的課題が目白押しだからだ。

■クルマはどこまで低価格にできるか

自動車の世界でも、価格破壊が起ころうとしているように見える。インドの財閥グループであるタタ自動車が発売した「ナノ」は、日本円に換算して20万円台の車両価格であるという。既存のメーカーは、ここまで安い価格にすることはできないが、日本のメーカーもアジア向けに低価格のクルマをつくる計画がある。

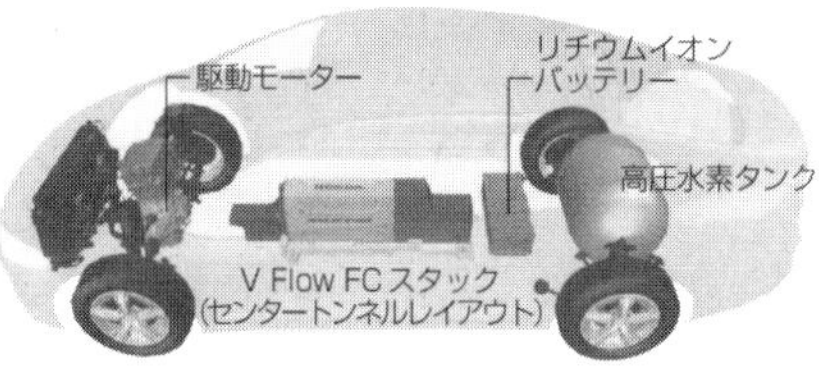

ホンダの最新式燃料電池車であるFCXクラリティは、新しい工夫を凝らして室内空間を広くとるレイアウトにしている。燃料電池スタックのセル構造を大きく変更して水素と酸素を横方向に流す方式から縦方向にして軽量コンパクトにした。これによりセンタートンネルに配置することが可能になり、フロアを広くできた。さらに、モーターと変速機の改良でコンパクト化を達成してFF方式にして、ガソリンエンジン車よりスペース効率を高めることに成功している。

クルマの走行性能やエンジン性能のレベルを下げて、安全装備などもケチれば低コストでつくることは可能だ。しかし、ユーザーがクルマとして安心して使うことができるものになっていることを前提にして考えると、コスト削減に取り組んで成果を上げているメーカー以上にコスト削減を図るのは簡単ではない。性能、安全性、機能性、経済性、耐久性などのバランスをとるには、コストで削れるところが劇的に増えるはずがない。できるかぎりシンプルな機構にし、徹底して安い原材料を入手し、賃金の安い地域の工場のつくるようにすれば可能だろう。しかし、少数のメーカーだけが特別に長く実行し続けることはむずかしい。

たとえば、軽自動車の分野で実績を上げているスズキは、約2万点といわれる自動車の部品のすべてで1円ずつ節約し、1グラムずつ軽くするなど、爪に灯をともすようにしてつくってきた。車両価格を安く設定する必要のある軽自動車の分野で、ユーザーに支持され、企業としての利益を確保するための努力は並大抵のものではない。

急成長するなかで原価低減より事業拡張が優先され、コスト管理の規律がゆるんだとして、スズキの鈴木修社長が、最近になって危機意識を強めている。さらなる低コスト体質にしないと生き残れないと、内なる改革をとなえている。スズキにしてからがそうであるといえるが、世界のなかでもっともコスト効率にすぐれたメーカーであると評価されているほどだ。

クルマの価格は安い方がいいが、魅力のあるものになっていなくては意味がない。ファッション界で売り上げを伸ばしているユニクロを見れば、それが分かるだろう。ここにきて、各メーカーは新しいシステムや技術開発よりも、コスト削減のために技術を駆使する方向になっている。したがって、車両価格を安くすることの優先順位は高まっている。どこまで技術を駆使して可能なのか、厳しい競争となる。

■車両のコンパクト化への挑戦

車両でもっとも大切なのは、安全性と軽量化の両立を達成することだ。どこまで軽くできるかはメーカーの技術競争であり、高価な材料を使用して軽くすることが許されるのは高性能車だけである。

車両サイズが小さくても一人前のクルマであること、その命題に挑戦したのがダイムラーのスマートやトヨタ・iQである。全長が短くなるとホイールベースも短くならざるを得ず、乗り心地を良くするのがむずかしい。挙動も不安定になりやすい。それを補うのがシャシー技術であり、ハイテクを駆使した車両制御技術である。高級車用に開発された制御技術を使用することで、こうしたクルマの安定性を確保することができるようになっている。小さくするには、相当高いレベルの技術が必要になる。小さいからといってコストが安くできるという単純なものではない。小さいと駐車でも有利で、ヨーロッパのように路上駐車が日常化しているところではとくに威力を発揮する。こうした超コンパクトカーを実現させた技術は、そのうえのクラスのクルマでも活かすことができるものだ。

いっぽうで高性能車や高級車は、どうなっていくのだろうか。他の人たちより高級なクルマに乗ることで豊かさを実感できるところがあるにしても、そのことが一昔前と同じように価値あるものと思っている人は増えているだろうか。高級車は、乗り心地も良く長距離走行での疲れも少なくて済み、満足感を与えることができる。その代償として車両価格は高く、ランニングコストもかかる。

魅力的な高級・高性能車をつくる努力は続けられるだろうが、これから飛躍的に優れたものが現れる可能性は少なくなると思われる。いろいろなタイプの高性能車が存在した時代から、ある程度しぼられて生き残ることができたクルマが、さらに磨きをかけていくということになるであろう。高級車中心のメーカーは、これまで以上の試練の時代になったというべきだろう。これからは、コンパクトサイズのプレミアムカーが注目されることになると思われる。

安全性を高めるための技術も進む。全方位のレーザー光線により障害物を検知して自動的に制動できる仕組みになれば、ちょっとした運転ミスによる事故も大きくならないで済む。これまでは、まず高価格車でシステムが実用化され、それを量産してコスト削減が図られて大衆車にまで採用するという道筋だったが、こうした開発のペースが鈍るようになるかもしれない。

将来的には、現在機械で行われている各種の操作部分が、電気信号に取って代わることが考えられる。ステアリング機構やブレーキ装置などの機能が電気信号によって行われる研究が各メーカーで進められている。実用化されるには、安全性を十分に確保するために、何重にもわたるフェールセイフを設ける必要がある。実用化されれば軽量化に効果的でもあり、材料が少なくて済むというメリットもある。これはフライ・バイ・ワイヤーと呼ばれ、クルマで一部採用されており、航空機でも実用化されている技術である。

こうした新しいシステムは、どこかのメーカーが実用化すれば一気に広がるものであろう。そうなれば、クルマのかたちにも大きな影響を及ぼすようになる。スタイルの自由度が大きくなるぶん、スタイリングデザインが多様化してデザインセンスの違いが大きくものをいうことになるかもしれない。

■将来の電気自動車像と地域社会のあり方

クルマと社会のあり方について、将来像のひとつを想定してみたい。発電が石炭や石油などの火力によるものでは、電気自動車も地球環境にやさしいということにはならない。化石燃料に頼るのではなく、自然エネルギーを使用して発電する率が増えることが、これからの社会では求められている。

電気は人間の生活を支えて快適さの根源的な働きをしている。蓄電するシステムが家庭などで利用できるようになれば大きく変わっていく。家庭用蓄電システムが実用化すれば、電気自動車やプラグイン・ハイブリッドカーの使用が広がる。蓄電できれば夜間の割安料金の電気をためることで、電力料金も安くて済む。

電気自動車の普及が進めば、クルマがそのまま非常用蓄電装置として使用することができる。1トン以上もあるクルマを動かすための電池容量はきわめて大きいから、いざとなれば家庭用の電気を何日かまかなう電源となる。さらに、自動車メーカーが、電力会社やバッテリーメーカーと共同で二次電池を制御するノウハウを生かし、蓄電システムを実用化しようとしている。

こうした蓄電池に燃料電池発電や太陽光発電などを組み合わせ、将来的には、各地域や家庭で発電した電力を中心に使用するようになれば、電気自動車の普及に勢いがつくことになるだろう。

家庭で蓄電容量の大きいバッテリーが備えられて、自然エネルギーを利用した発電が一般的になるのは、10年とか20年とか先のことかもしれない。そのときにはカーシェアリングにより、ある地域のなかで使いたい人がクルマを使うようにして、個人所有でないシステムが構築されて、広がりを見せるようになるかもしれない。クルマを含めた地域社会のネットワーク化が進むことになる。

あるいは、便利な個人用ビークルができるかもしれない。2005年と2007年の東京モーターショーにトヨタが参考出品した独り乗りビークルの進化したものというイメージである。経済性と安全性、さらに利便性を備えていれ

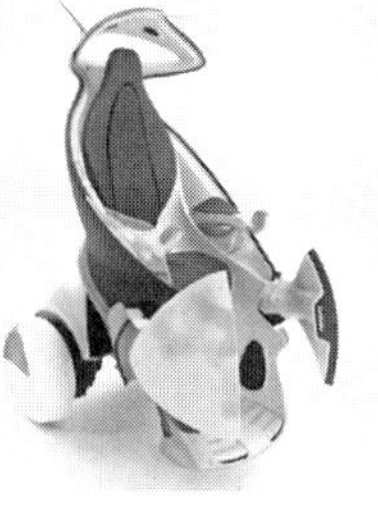

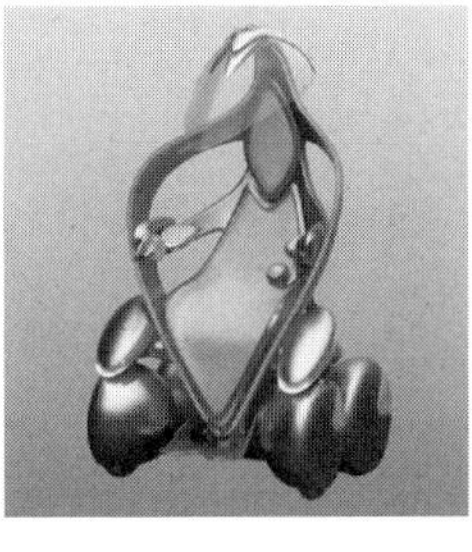

トヨタで開発した未来のモビリティとしてのアイディア製品。人工知能をもち、人間の感性や動作に反応して動くことができる。動力は燃料電池などで、素材も人に優しいものでつくられ、人間の機能を支援する。

ば、人間の脳の働きや筋肉の動きなどに反応して速度や方向、制動などができるような知能を持ったビークルとして登場することになるかもしれない。あるいは、それらはメタ・ビークルとして自動車の範疇を超えたものになることも考えられる。

■石油依存の度合いは低くなるか

ここまで述べてきたクルマのかたちについて、まとめてみよう。

当分は内燃エンジンが動力の主役であり、その技術的な進化で性能と燃費の効率的なバランスをとる努力が続き、車両自体も軽量化や空力的な追求で燃費向上の努力が自動車メーカーによって続けられる。新興国で自動車の普及が進むために、車両価格を安くする競争が繰り広げられるが、安いだけのクルマが勝ち残ることにはならないだろう。性能や安全性といった総合的なバランスのとれたものとして、一定のレベル以上の製品になっていなくては受け入れられない。

ハイブリッドカーがシェアを伸ばしていくことになるだろうが、そのためには内燃エンジンを搭載するクルマと比較して、システムが複雑になりコストがかかり重くなるというハンディキャップを上まわる利点を持ち続けることが条件である。同じ性能なら、機構がシンプルな方が環境に優しいのが原則である。

電気自動車に近いプラグイン・ハイブリッドカーの実用化が進めば、これまでのシステムを使用するハイブリッドカーは限定的なクルマになるかもしれない。トヨタ方式にしてもホンダ方式にしても、燃費が良くなる割合は市街地走行のほうが高い。ヨーロッパのように長距離をかなりなスピードで走るような使い方ではメリットが大きいとはいえない。そのために、ディーゼルエンジン車がヨーロッパで普及しているが、厳しくなる排気規制をクリアするにはコスト高になる。どこまで下げられるか、またガソリンエンジンの技術進化で燃費性能が向上する割合との関係が、ディーゼルエンジンの将来に影響を与えることになる。

現在は、ハイブリッドカーがエコカーの代表であるという認識で、税制の優遇などで購入の際に割引があることが、販売が伸びている一因になっているようだ。電気自動車の場合は、補助金なしでは成立しないのが現状だ。しかし、量産化することでコスト削減が予想以上に進めば、電気自動車がハイブリッドカーにとって代わる可能性もないとはいえない。

いずれにしても、当分のあいだは石油かその代替燃料を使用する動力が主流であり続ける。どこまでCO_2を削減できるのか、石油以外の燃料が使用される割合がどこまで増えていくのかも課題である。もちろん、バイオ燃料をつくるのに食料になる可能性のあるものを材料にするのは論外である。

韓国では、ＬＰＧ（液化石油ガス）の使用比率が高まっているという。日本でも排気のクリーン化のためなどでＣＮＧ（圧縮天然ガス）の使用が試みられているが、普及するまでには至っていない。脱石油のさまざまな試みが続けられることになろう。石油に対する依存度がどのくらい減っていくのかは、石油の価格がどうなるかとの関係もある。

クルマそのものの知能化が進み、情報ネットワークと結ばれ、移動手段としてスムーズさと快適性が増し、同時に必要な情報をすぐに入手することができる。それはそれとして良いことなのかもしれないが、現実とバーチャルの境界線が曖昧になる感覚の鈍化をどうするかという問題も生じてくるように思われる。これはクルマに限らず、人間を取り巻く環境との関係全般にもいえることに違いない。この本の主題を超えた問題といえよう。

第九章　自動車メーカーはどうなっていくのか

■減退する自動車需要

　自動車の需要は、今後どうなっていくのだろうか。世界的な不況のなかで、各国の政府は、自国の自動車メーカーの経営が危機的な状況に陥らないように、何らかの救済措置をとっている。クルマの買い替えにさまざまな援助をしたり、新しい技術開発を支援したり、アメリカでは自動車メーカーの危機的な状況を救うために政府が多額の資金援助をせざるを得なくなっている。

　自動車メーカーが立ち直るためには、需要があるレベルまで回復することが必要である。しかし、大きな時代の変革のなかで、需要が回復するまでは、ある程度の時間が掛かる可能性が大きい。そのあいだは、所得水準の高い層が現在より減少する可能性があると思われるから、需要が大きく回復すると期待するのはむずかしいという前提に立つ必要があるだろう。

　アメリカなどでは、自動車の使用を前提にした社会になっているから、これからも需要はある程度見込まれるにしても、ユーザーがクルマにかける費用は少なくなるのが全体的な傾向である。一台のクルマにこれまで以上に長く乗る人たちが増え、燃料代の少ないクルマを選択するようになる。メーカーの競争も、それにつれて熾烈になる。

クルマ社会であるアメリカは、クルマに依存した生活になっているが、それをそのまま続けていくのか。ヨーロッパのようなカーシェアリングの動きを見せるのか。あるいはクルマがないと生活できない都市から、路面電車やバス路線などをはじめとするインフラ整備を進めるところが出てくるのか。交通システムやインフラ整備を含めた社会のグランドデザインを新しく考えるなかで、自動車の使い方に新しい方向が出てくる可能性があるかどうかは、今後に待つしかない。

いずれにしても、世界の自動車メーカーは、これまで以上の激変のなかで道を切り開いていかざるを得なくなっている。大きな不況で販売が低迷しているだけではなく、新しい時代に対応したクルマづくりと組織のあり方を改めて構築しなくてはならない状況になっている。

■新しい合従連衡と自動車メーカー

2009年5月から6月にかけて、アメリカの自動車メーカーの破綻が大きな話題となったが、これらのメーカーの傘下に入っていたメーカーの運命をも大きく左右した。その多くは1990年代の量的な拡大を求めた時代に生き残りのために、寄らば大樹の陰ということで資本提供を受けて傘下に入ったものだ。

フォードの場合は、イギリスのジャガーとランドローバー、さらにアストンマーチン、スウェーデンのボルボなどプレミアムブランドを傘下におさめた。しかし、現在はジャガーとランドローバーはインドのタタ自動車に、ボルボは中国のメーカーに、そしてアストンマーチンはイギリスを初めとする投資グループに買われている。

スウェーデンのサーブや韓国の大宇はゼネラルモーターズの子会社になった。日本の富士重工業も、ゼネラルモーターズと資本提携した。オペルのようにゼネラルモーターズとの関係の深い傘下のメーカーは、破綻する直前までグループに留まったが、富士重工業のように比較的新しく提携したメーカーは、ゼネラルモーターズの経営が悪化した数年前に放り出されている。

また、BMWはロールスロイスとローバーのミニをグループとして受け入れ、フォルクスワーゲンはベントレーやランボルギーニを抱え込んでいる。

個性的なメーカーであっても、大メーカーの傘下に入ってエンジンなどを自主開発せずに親会社のものを流用することで合理化を図るなどした場合は、個性が薄れてしまう。それでもブランドとしての価値を失わないうちは、新興国などのメーカーが興味を示す可能性がある。しかし、いったん魅力を失い始めると、そのイメージを回復することはむずかしい。有力メーカーが元気なら姿を消すことがなかった個性的な自動車メーカーも、弱肉強食のセオリーどおりに消えていかざるを得ない運命になっている。

中国やインドなどの新興自動車メーカーは、自動車技術のノウハウを求めて、経営的にきつくなったメーカーと提携することに意欲を示している。どこまで、彼らに飲み込まれていくのか、新しいかたちの合従連衡が始まろうとしている。

■アメリカメーカーの再生の仕方

アメリカのオバマ政権は、2020年までに実施する新しい燃費規制を2016年までに前倒しすることを決定した。この規制には乗用車だけでなく商用車も含まれている。1985年で凍結されていた規制を新しくする決定は2007年12月になされていた。2011年から段階的に厳しくするもので、その規制値は日本やヨーロッパで計画している新しい燃費規制と同じように厳しくなる。各メーカーは、今回の恐慌による落ち込みに対処しながら、この新しい燃費規制をクリアしていかなくてはならない。

ゼネラルモーターズやクライスラーの破綻に際して、その再生を図ろうとして莫大な政府資金が注ぎ込まれたが、同じ破綻でもゼネラルモーターズとクライスラーでは、その意味に大きな違いがある。

クライスラーの場合は、ダイムラー社との分離で体力が弱っていたときに恐慌が起こって、経営が成り立たなくなった。これほどの不況でなくとも倒産した可能性があったかもしれない。よくある倒産劇のひとつと見ることができる。クライスラーで経営者の交代があっても、組織としての継続性のあるものだ。イタリアのフィアットとの提携では、クライスラーの将来は、フィアット主導になるものの、クライスラー自身が責任をもつことになる。企業規模で見てもゼネラルモーターズの4分の1である。

これに引き替え、ゼネラルモーターズは一時的にアメリカ政府によって国有化され、多くの取引先、債権者、従業員、さらにはもと従業員らの犠牲のうえに立って、政府の指導と国民注視のうちに再生が図られることになる。つぶすわけには行かないものなので、政府が関与せざるを得なくなったものだ。どのように再生の道筋をつけるかを検討した上で、政府の一時的な国有化に踏み切ったのは、いわばゼネラルモーター

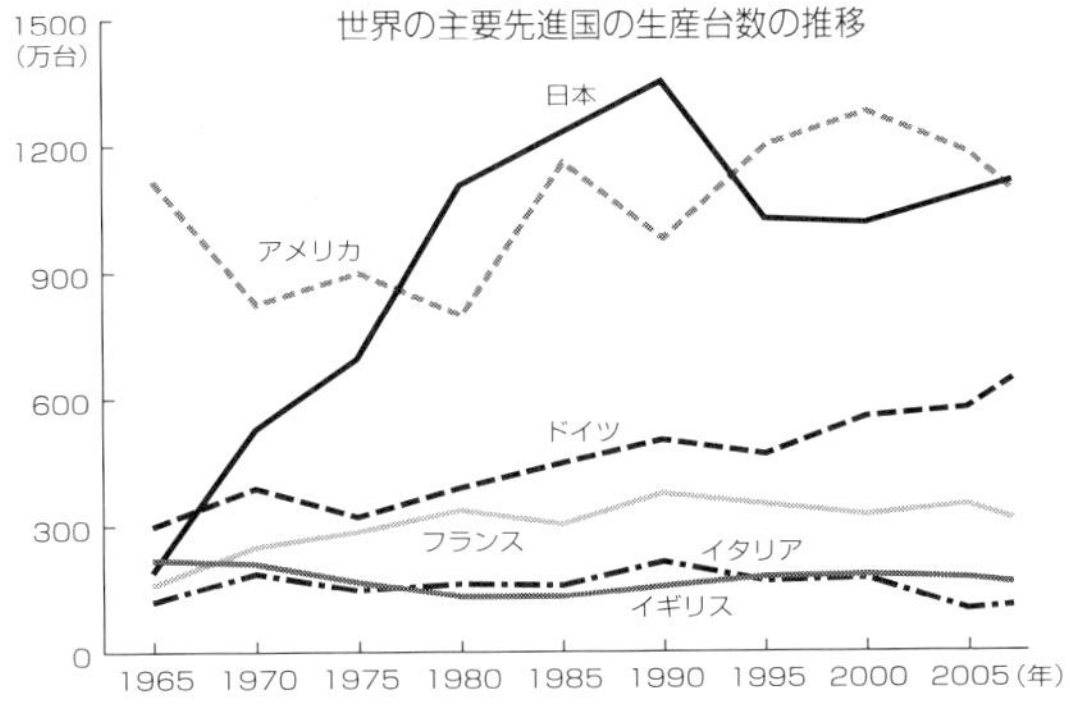

ズの組織をリセットするためであったと思われる。

■ゼネラルモーターズの今後の展開

冷静に考えれば、年間800万台もの自動車を生産販売し続けているメーカーが、販売不振に陥ったからといって経営がたち行かなくなるのは奇妙なことである。それだけゼネラルモーターズが多くの問題を抱えていたのだ。1950年代以来の全米自動車労組との契約による退職者への年金や保険料の支払いが重くのしかかっていたこと、大企業病にかかって利益を上げられる体質でなくなっていたこと、魅力あるクルマづくりのために技術を磨いてこなかったこと、ローンやリース販売など本来なら購入することのできない人たちにも販売して焦げ付きを大きくしたこと、クルマを売ることでの利益よりも金融で利益を上げる体質になっていたことなど、破綻した理由はいくつもある。

こうした体質のままでは再生はおぼつかない。そうかといって放置したままではマイナスの影響が大きすぎるので政治問題化した。したがって、これからのゼネラルモーターズの舵取りは、良い方向に進んでいるか厳しくチェックされながらのことになる。水面下で日本のメーカーなどにいろいろなかたちで協力要請しているかもしれない。日本のメーカーも、アメリカで製造販売を続けていくうえで、ゼネラルモーターズに立ち直ってもらわなくては困るのだ。

アメリカの自動車産業はあまりにも早く成熟してしまったがゆえに日本などに追い上げられたが、アメリカの持つ潜在能力の高さは依然として並大抵ではないところがある。その気になって効率的・集中的に挑戦すれば、日本やヨーロッパに負けないだけのポテンシャルがあるはずだ。どこまで真剣に対処できるか、それは今後に待つしかない。次世代動力などの新しい展開で革新的なシステムを自らの手で実用化できるかは何年かたったところで少しずつ見えてくることになるだろう。

アメリカのメーカー、とくにゼネラルモーターズが再生する道筋は、生産と販売が縮小しながら規模を小さくしていく最悪のシナリオから、強いアメリカの底力を発揮して再生を果たし、ふたたび世界に存在感を示すことになるという最善のシナリオまで描くことができる。

最善のシナリオを描くことになる前提は、新しい時代にふさわしいアルフレッド・スローンのような実力派の優れた経営者が出てくることだ。クルマのことがわかり、将来への見通しを持ち、組織改革を進める行動力が必要である。もはやひとりのスーパーマンの出現ですべてが変わるような組織ではなくなっているかもしれないが、アメリカの自動車需要は、中国に負けるにしても膨大なものがある。険しい道筋となるにしても、アメリカのメーカーが復活して、世界のメーカーと競争をくり広げることは、アメリカにとって必須のことに思われるのだが――。

オペルやいすゞなど車両やエンジン開発で協力体制を築いてきた傘下のメーカーが切り離され、さらに従来からのブランドであったポンティアック、サターン、ハマーなども廃止や切り離されることになった。もともとメーカーの寄り合い所帯として誕生した伝統を引きずって、シボレーやビュイックなど異なるブランド同士のライバル意識を強く持って競争している状況だった。ゼネラルモーターズのなかでの競争だったのだ。新しい体質

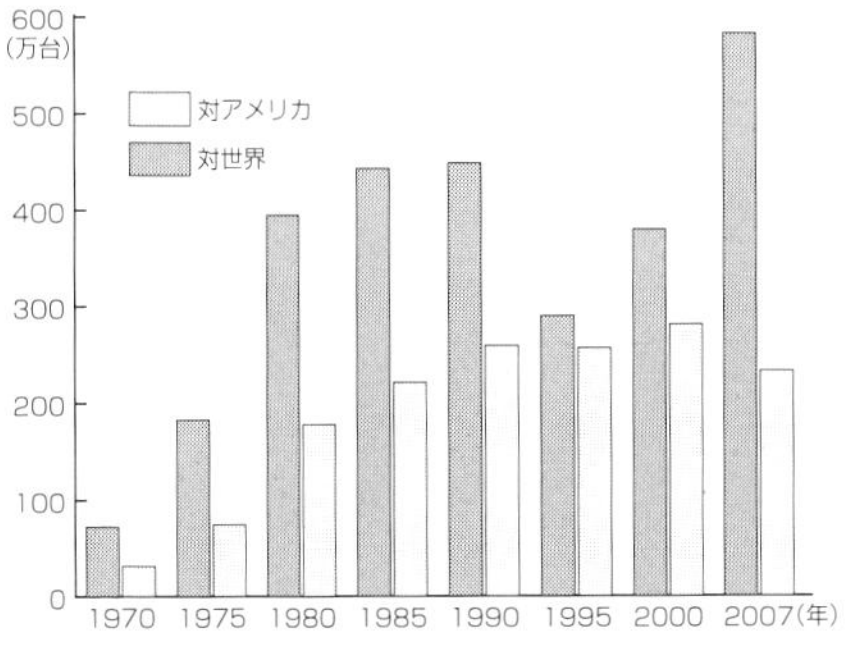

日本車の輸出台数の推移
アメリカなどでは現地生産が増えているので必ずしもこのグラフが日本車の方向を示すものではないが、アメリカへの輸出がのびているわけではないことが分かる。

の組織にするのは容易なことではない。

ハイブリッドカーや電気自動車の分野では、日本のメーカーに遅れを取っていて、すぐに日本車に対抗できるクルマを市場に投入することはむずかしいのが現状である。バッテリーに関しても海外の電気メーカーから供給を受ける意向を示しているように、自前の技術でシステム構築するようになるまでは時間がかかるから、簡単に優位性を発揮できるとは思えない。

当面は、これまで培った販売系列などの組織を有効に活用するために、実績のあるクルマとその改良モデル、さらには燃費が良くコストのかからないクルマをつくっていくことになるだろう。日本の自動車メーカーは、その再生を陰に陽に手助けすることが得策であると判断していることだろう。

かつてトヨタとゼネラルモーターズは、燃料電池車の共同開発などで技術提携し共同開発を進めた。ゼネラルモーターズがメーカーとしての技術力・組織力が弱くなっていたので、トヨタのほうも多少の技術的ノウハウの提供まで覚悟していたはずだ。しかし、共同開発するとなれば、両社が同じような真剣さで立ち向かわなければ実りを期待することができない。実際には、成果を上げることができなかったのは、ゼネラルモーターズの経営トップが道筋を付けても、現場の技術者たちがトヨタと同じように考えていなかったからであろう。技術開発に対する真剣度を、どこまで高めることができるのかも今後は重要である。

短期的な展望としては、日本のメーカーなどの協力を得ながら、販売の減少を食い止める努力をする。それがうまくいくかどうかは、アメリカ全体の経済動向とも関係するが、その先では、優位性を持つクルマをつくりあげることが再生のポイントになる。それができなければ、縮小を繰り返して再び危機に見舞われる恐れを解消することができない。

■クライスラーおよびフォードのこれから

フィアットとの提携で再生を図るクライスラーも、前途は多難である。イタリアのフィアットも、保護貿易に護られて技術革新が遅れたことに気づいて、世界的な競争に立ち向かうべく、強固な組織にしようと活発に動いている。その点から見ると、この提携は弱者連合という位置付けになる。

現在のところは数を確保して競争に立ち向かおうとしているが、大切なのは魅力的なクルマをつくり出す能力である。足し算だけで結果が出るものでないだけに、提携による相乗効果を出すことができるか。

過去の例で見ると、提携や合併の場合は、どちらかが強烈なリーダーシップを発揮してひとつにまとめることができないと、単なる寄り合い所帯になって競争力を高めるのがむずかしい。フィアットが主導権を握って、どこまでグループとしてまとめあげることができるか。弱者連合のままでは、グループとしての求心力を失ってしまうことになりかねない。

２００８年の世界の自動車メーカーの生産台数ベストテンは、トヨタがトップで、2位がゼネラルモーターズ、3位がフォルクスワーゲン、4位が日産とルノー連合、5位がフォードモーター、6位が韓国の現代自動車、そして7位にはホンダ、8位にはフランスのプジョー・シトロエングループ、9位がスズキ、10位がイタリアのフィアットであった。クライスラーはダイムラーに次いで単独では12位であったが、フィアットと合併すると6位の現代自動車とほぼ同じほどの規模となる。

しかし、これからの時代を考えれば、過去の生産台数の多寡はそれほど重要ではない。技術開発に力を入れる組織になり、技術力のある人材を生かし、うまくリードする組織に生まれ変わることができるかどうかである。

ゼネラルモーターズやクライスラーのように資金難に陥らなかったフォードにしても、メーカーとして抱えている問題は基本的には同じである。フォードは財務管理が巧みだったから危機的状況になっていない。ゼネラルモーターズやクライスラーよりも小型車の開発では実績があり、ヨーロッパ・フォードと一体になっている強さがある。寄り合い所帯ではなく、グループとしてまとまりを見せているのは、将来への展望で共通項を見いだしているからであろう。日本のマツダと提携していることもフォードにはプラスとなっている。ゼネラルモーターズはコスト削減には伝統的に関心が薄いところがあるのに対し、フォードは低コストを図る伝統があり、品質を高めることにも関心があった。その代わり新技術の採用には消極的なところが見られた。いずれにしても、どこまでフォードらしさを出し、他のメーカーをリードするクルマを出せるかにかかっているのはクライスラーなどと同じである。

■技術的にリードするトヨタとホンダ

さて、日本の自動車メーカーに目を転じてみよう。日本のメーカーも例外なく、アメリカ発の世界不況の影響を受けて苦しい経営状況に陥っている。これまでの計画を見直し、新しい戦略を立てざるを得なくなっている。そうしたなかで展開されたホンダとトヨタによるハイブリッドカーの販売合戦の過熱ぶりが、今後を占うヒントを与えてくれている。まずは、それから見ることにしよう。

初代と異なり、大量生産することを前提にホンダのハイブリッドカー2代目インサイトは、2009年2月に登場した。その3か月後の5月に3代目となるトヨタ・プリウスが発売された。これによりトヨタとホンダのハイブリッドカーによる戦いが、第二ラウンドに突入した。

インサイトで注目されるのは、徹底したコスト削減を図って、189万円という低価格を設定したことだ。燃費が良いうえに安い価格であることは優位性が大きく人気となった。狙いどおりであったというべきだろう。

インサイトの開発で注目されるのは、開発する際に発揮する技術力をコスト削減のために使うことを優先した点である。性能をスポイルしないものにしながら、わずかなところも見逃さずにコストを下げるには技術力がものをいう。それを徹底することで低価格を達成した。これは、ハイブリッドカーだけでなく、今後のクルマ開発で重要となるスタンスである。ハイブリッドシステムとしては、従来からのホンダ方式（ＩＭＡ）を踏襲したものである。

ハイブリッドカーのイメージづくりに貢献したトヨタは、このインサイトの登場におだやかさを失って、あらわに対抗意識を出した。ハイブリッドカーの良いイメージを独占できなくなることを恐れたためであろう。

3代目となるプリウスは、エンジンを初めとして性能を向上させながら燃費もリッターあたり38キロと大幅に向上させた。燃費性能ではインサイトのリッターあたり30キロを上まわった性能である。しかも、インサイトが低価格路線を打ち出したことに対抗してプリウスも最低グレード車は２０５万円に設定、2代目となるプリウスも併売することにして価格は１８９万円にした。

ホンダは、２０１０年には大衆車のフィットにもハイブリッドカーを設定する計画であり、燃費性能を良くするための切り札としてハイブリッドカーを増やす意向である。もちろん、トヨタもそれを上まわる車種でハイブリッドカーを導入していく計画である。日本だけに限らず、世界市場でホンダとトヨタのハイブリッドカーの販売合戦が繰り広げられようとしている。１９６０年代のトヨタと日産のＢＣ戦

2009年5月の3代目プリウスの発表記者会見。ふつうは社長がつとめることが多いが、このときは社長就任が決まった豊田周平副社長が主役を務めた。そのときに自動車文化を大切にしていきたいと語った。

争といわれたブルーバードとコロナの販売合戦以来の、真っ向勝負である。

このことは、両メーカーがこの分野で大きく世界をリードしていることを示している。トヨタのハイブリッドカーに対抗できるのは、今のところホンダしかない。トヨタにしてみれば、機構的に優れているという自負があるから、ホンダとの違いを示そうと、スーパーハイブリッドという表現を用いたりしている。

実用性のあるエコカーとして評価されるハイブリッドカーの分野でリードしたトヨタとホンダの争いを他のメーカーは、今のところ眺めているしかない状況である。

それにしても、ホンダの低価格路線に対してトヨタがみせる対抗意識は、世界のトップメーカーとしての余裕を失っている。機構的に違うから車両価格が高くて当然であるにも関わらず、同じ土俵で戦うことで相手を蹴散らそうとしている。安い価格で提供することは、ユーザーにはマイナスでないから、それはそれとしてよいのかもしれないが。

■トヨタはどこにいくのか

巨大化したトヨタは、スリムになって出直すのだろうか。それとも、景気回復を待って拡大路線をとる準備をするのだろうか。また、トップメーカーとして、自動車産業全体をどこまでリードしていくことができるのだろうか。

現実には、生産台数を減らすことはトヨタを頼りにし協力してきた多くの企業を苦境に立たせることになる。それは避けたいことであるが、世界的に販売が落ち込んでいる以上どうすることもできない面がある。

その突破口となるのがハイブリッドカーである。しかし、利益幅が小さいことから、これを中心にして販売が増えても業績回復には時間がかかる。

これまでのトヨタは、経済危機などで販売が落ち込んだときには、その危機をバネにして生産効率を上げ、車両開発コスト削減に取り組むなどして突破してきた。こんどばかりはそのバネが効かないほどの危機となっている。これまで以上にコスト削減の努力をし、世界的に生産体制を見直すなどの地道な積み上げをすることになる。しかし、それでも、問題の多くは解決のめどが立つかどうか疑問が残る状況だ。

さらに、ポスト・プリウスとして新しいクルマのあり方を将来的に提示できるか、その開発がどのように具体的に進められるか。長期的な展望を持った開発体制をうまく確立するには余裕が必要である。

基本的には、これまでの実績をもとにした小型大衆車から高級車路線も維持していきながら、新しい転換をさぐることになる。かつてのような全方位路線とは異なり、効率よくラインアップを構築することに勢力が使われることになるだろう。拡張路線をとったがゆえに伸びきった戦線の引き締めにより、効率重視の路線が徹底されることになる。

コスト削減のための部品のモジュール化の推進、発想をかえた設計や生産方式の模索など、新しい感覚と技術追求が進むことになる。そうした開発では依然として強さを発揮するポテンシャルを持っているのがトヨタである。しかし、自分の道を迷いなく進む日本やヨーロッパのメーカーが、それぞれに集中的な技術進化を見せていくことになれば、それらに対抗するには苦戦を強いられることになりかねない。いずれにしても、世界でトップとなったメーカーであることを意識して、自動車産業のあり方と社会の関係について洞察した上での、クルマづくりをすることが求められる。

将来的には、ハイブリッドカーやプラグイン・ハイブリッドカーなどのための蓄電システムの開発、さらにはそれらのシステムとトヨタホームの組み合わせで、新しい生活空間とクルマの関係を提案するシステムの構築なども考えられる。

■ホンダの新しい展開は

世界一のエンジンメーカーとして、ホンダは汎用やオートバイ、自動車用として年間1200万基以上のエンジンを製造している。しかも、その多くは4サイクルガソリンエンジンであり、それぞれの分野で実績を上げている。

もともと自転車に取り付けた小さいエンジンの製造から始めた企業である。まずオートバイを世界で最初に大量生産して業績を伸ばし、力を付けてから自動車部門に参入した。常にエンジンをベースにして、その時代が要求する製品をつくって成長している。現在は、たまたま自動車が中心になっているだけにすぎないという見方をすることもできる。

時代にフィットした工業製品をつくることは、大変な技術力と先見性が必要である。常に時代の方向を読み、最先端の技術を駆使して製品化を図らなくてはならない。チャレンジャーとして活動することが求められる。先に見たようにハイブリッドカーの開発でも、そんなホンダの体質を背景にして驚くべき短期間で実用化している。自動車メーカーとしてみても、世界的に屈指の個性を持ったメーカーであるということができる。今後を考える場合、そうしたホンダらしさをどこまで保ちながら、革新していくことができるかが問われることになる。

自動車の分野では、ハイブリッドカーを始め、燃料電池車など将来技術についての開発で世界をリードしている。可変機構であるVTECエンジンをベースにしたガソリンエンジンに象徴されるように、最先端の技術を実用化しており、さらに進化させるポテンシャルを持っている。

技術開発に貪欲であるところがホンダの持ち味であり、時代の変化に敏感に反応して素早く対処する体制がつくられているだけに、現在の状況のなかで生き残る方法を見つけることができる力を持つ。燃費を良くすることに対する技術的な取り組みでは、トヨタ以上の熱意があることと、独自の技術で切り抜けようとする姿勢があるので、これからも個性的であり続けると思われる。

自動車と併行して、新しい分野として人間型ロボット「アシモ」の開発を進めており、将来的には製品化する可能性がある。クルマと同じようにロボットが私たちの生活のなかに入ってくる時代がくると思われる。また、太陽光発電装置や定置型燃料電池などの製品化も進めているようで、新しい時代の発電装置メーカーとして活動することになる。今後に期待が持てる分野だけに、ホンダのなかでウエイトが大きくなる可能性がある。

当分は、自動車が中心であっても、将来的には次世代の工業製品の実用化を図り、これまでと同じように、常に変身を続ける企業として発展していく可能性がある。自動車の分野でも、かつての軽自動車でステップバンやバモスといった特殊なスタイルのクルマをつくり、1990年代にはステップワゴンのような乗用車的な概念から外れたところのあるクルマを市販するなど、チャレンジ精神を発揮している。こうした手法は、今後に可能性を秘めているものということができる。

遊び心を持った貪欲さを維持することができるのか。知らず知らずのうちに大企業病に冒されてしまうのか、その答えは、これからホンダが出してくるクルマ

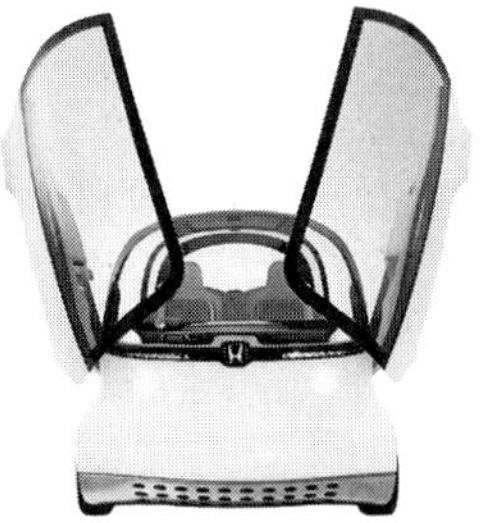

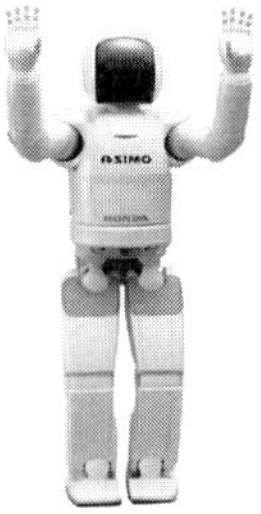

ホンダの人型ロボットの「アシモ」と2007年東京モーターショーの参考出品車PUYOのウイングアップドア。企業として夢を生きるという遊び心を持ち、それをユーザーと共有しようとする意志を持ち続けようとすることがホンダのアイデンティティであるといえるだろう。

を見れば分かるであろう。

■日産の将来は明るいか

ルノーとの提携で再生した日産は、かつてのように技術的にリードするメーカーではなくなっている。GT-Rのような高性能車で話題をにぎわしても、それがメーカーとしてのイメージアップや業績の向上につながる時代ではなくなっている。

技術力を持つメーカーであるものの、他のメーカーに先駆けて新しい技術を実用化してリードすることができないのが気になるところだ。エコカー減税が実施されるときにも、既存のクルマの改良で資格を確保したものの、日産が時代の先端をいくクルマを市販しているという印象をユーザーに持たせることができないままである。もっとも実力が問われる大衆車の部門で、現行の日産マーチはフィットやヴィッツに遅れをとっている。日産車としての技術に裏付けられた強烈なイメージを持つヒットがないのが問題である。

注目されるのが、電気自動車の分野である。2軸モーターを持つ独自の優れたスーパーモーターを開発し、リチウムイオン電池に関しても中央研究所で独自に研究開発を進めており、すぐには実用化が無理にしても大いなる可能性を持っている。電気自動車の発売は2010年を予定しているが、すでに市販を開始した三菱やスバルのものより価格でも機構でも進化したクルマになっていることを期待したい。ハイブリッドカーで遅れをとっただけに、日産の起死回生は電気自動車にかかっているという見方をしたのだろうか。

過去の日産は、技術力ではトヨタより優れたところがあるのに、実用化の段階では遅れを取ることが多かった。持てる技術をうまく製品につなげる組織的な展開ができなかったからだ。電気自動車で同じ轍を踏むことがないいか、日産の将来の動向を占うカギでもある。

とはいえ、ハイブリッドカーの例で見ても分かるように、量産されてメーカーが利益を確保できるようになるまでは市販開始から10年かかっているといっていい。電気自動車の場合も、市場にうまく迎えられたとしても、すぐに日産の屋台骨を支える製品になるわけではない。そのあいだにヒットするクルマを出し、日産の存在感を示すことができなければ、将来が脅かされないとは限らない。

今回の不況で、日産の業績も急激に落ち込んでいる。そんななかで、ルノーと日産の両方の最高経営責任者であるカルロス・ゴーン社長は、業績が回復するまで日産の社長を引き続き務める意向を示している。それが、日産の組織を活性化することにつながれば良いが、ルノー色が強まって日産のイメージがますます薄くならないかという懸念がある。

いずれにしても、出世することを優先して行動する人ではなく、クルマの好きな人や優秀な技術を持った柔軟性のある人が登用される組織になることが求められる。ゴーン社長になる以前からの日産の発展を阻害したのは、経営者が優れた人材を登用しなかったことが原因で、それは現在も変わっていないように見える。それを変えることができるかが日産の組織再生のキーポイントのひとつである。

■スモールカーが得意なスズキの独自性

軽自動車でトップの地位をダイハツと争うスズキは、国内販売台数で見ればホンダや日産に負けていない。価格の安いクルマを中心にしていることから、コスト意識は並はずれて優れている。そうでなくては経営が成り立たない状況のなかで鍛えられた強さを持ち、それが世界で通用するものになっている。

スズキはもともとホンダに次ぐオートバイメーカーとして活動し、１９５５年に軽自動車をつくることで四輪部門に参入、軽自動車をつくり続けて力を付けた。三菱やマツダも軽自動車から始めているが、スズキは自分の力量を踏まえて軽の枠のなかにとどまった。軽自動車の規格のなかでいかに室内を広くし、使い勝手の良いクルマにすることができるかに挑戦してきた。

軽自動車という特典と引き換えに、車両価格は低く抑えなくてはならなかった。クルマとしての制約は大きいから、どんな小さなところも見落とすことなく地道にコツコツとつくりあげるしかなかった。その過程では、商用車の範疇にしながら乗用車として使える「アルト」を市販した。税金が安い商用車であることから驚くほどの低価格を実現した。小型車メーカーでは到底考えられない手法だった。ユーザーに受け入れられることを優先して、できることは何でもやるというスタンスで、軽自動車のトップメーカーに伸し上がった。

そこで獲得したノウハウは、経済的な小型車をつくるのに生かされて、ゼネラルモーターズと提携して効果を上げている。さらに、ハンガリーやインドに小型車工場を建設し、グローバル展開を図っている。

軽自動車のように大きな制約があるなかでの開発は、性能を上げコストを下げるための幅はきわめて狭くなる。目標に近づけるための知恵を集中的に使わなくてはならない。自動車の場合、歴史的に見て制約や規制は、メーカーを苦しめるだけに、結果として技術進化を促進させる特効薬の役目を果たしている。

スズキ製の軽自動車は、コスト削減を果たし、経済性ではずば抜けているから、不況になればますます支持される。スズキの躍進は、1970年代から経営のトップとして采配を振るい続けている鈴木修社長あってのことである。したがって、次世代にどのようにバトンタッチしていくかという問題を抱えている。

■その他の日本の自動車メーカー

日本のメーカーのなかでマツダは、独自性を発揮している。何度も経験した経営危機から学んで、欲張った車両展開を図らなくなったからでもある。進むべき方向性をはっきりと決めている点では、どちらかというとヨーロッパのメーカーのような体質になってきている。それが、車両開発にも現れている。「ズーム・ズーム」という合い言葉でスポーツ性を重視したクルマづくりに必要な技術開発に的を絞っている。

その現れが、コンパクトカーのデミオに見られるミラーサイクルエンジン採用への再挑戦、2009年6月に新しくなったアクセラ（ファミリアの後継モデル）のガソリン直噴エンジンに採用したアイドルストップシステムである。燃費を良くする機構の導入を図りながら、走行性能で特徴を出そうとしている。しかも、機構的にはコストのかかるものになっていながら、大衆車であるアクセラで機械的なシステムのアイドルストップを可能にしたのは意味がある。大衆車だからこそ低燃費にする必要性が大きいわけで、そのために集中的な技術開発を実行し実用化した。

フォードグループのなかでも、技術力ではトップクラスの実力を持っているので、マツダの存在感はゆらいでいない。生産体制でもフォードに負けない蓄積がある。ただし、内燃エンジンを中心にして方向性を決めているだけに、世の中の動きが想定外の方向に進むことがあった場合はつらくなる可能性がなくはない。また、マツダの象徴的な存在となっているロータリーエンジンの新しい展開にも期待したい。

いっぽう、前章で見たように、三菱は電気自動車に賭けている。今のところこの分野で世界をリードしており、ヨーロッパのメーカーなどから技術提携などの話が持ち込まれる可能性が大きい。ただし、まだ普及するところまでは行かないので、利益を生むところまでは行かない。この分野でリードし続けることも、なまやさしいことではない。

売れ筋のクルマが多くないことが当面の悩みである。ランサーエボリューションのような一部のユーザーに熱狂的に支持されるクルマづくりに限界を感じているところであり、そうかといって激戦区のコンパクトな大衆車部門で優位性を出すのも簡単なことではない。マツダなどに比較すると、クルマづくりの方向が揺れているところがある。やはり、電気自動車の普及に向けての活動が柱になるとすれば、次々に手を打たなくてはならないが、そうした機動力と組織力があるか見まもりたい。

富士重工業は、ハイブリッドカーや燃料電池車などの技術開発はゼネラルモーターズに任せて、当面の車両開発に専念して効率的に進めようと提携した。しかし、ゼネラルモーターズの資金繰りが悪化すると手元資金を確保するために、同社の株を放出することになった。そこで、トヨタが株の一部を引き受けるかたちで、富士重工業はトヨタと提携することになった。そのトヨタも、体制を立て直さざるを得ない状況に追い込まれているから、当面は自主独立路線で立ち向かって行かざるを得ない。

もともと1966年に水平対向エンジンのFF車であるスバル1000でスタートしたときから、革新的な機構のクルマづくりをするメーカーとして生きていくことになった。数は多くないが、一定のユーザーに支持される方向を鮮明にしたのである。1980年代にレガシィを出して成功したが、その賞味期限が切れかかっているのが現状である。軽自動車からの撤退を決め、どこに行こうとしているのか。新しい時代のスバルのあるべき姿はどのようなものなのか、それを具現化することが近い将来の大きな課題であろう。

最後になったが、ダイハツは自動車メーカーのなかで、もっとも古く技術で生きてきた伝統を持っている。戦前から三輪トラックを量産した経験を持っていたが、四輪部門に新規参入してからトヨタの傘下にはいることになった。そのため、首脳陣はトヨタから派遣されるようになり、軽自動車と小型大衆車に特化したメーカーとして生きてきた。スズキと軽部門でトップ争いをしているものの、伝統の技術をもっと活かしたクルマづくりができるのに、トヨタに気兼ねしてか長期的な見通しを持った開発をしなくなったように見える。独自の発想で生き生きと活動することを期待したい。

いずれにしても、これまで見てきたように日本のメーカーは比較的個性があるところが多い。日本全体としてみた場合はバラエティに富んでいる。これは他の国にはない大きな特徴であるとともに、国際的な競争となると強みでもある。たとえばドイツのダイムラーとBMWはコインのうらおもてのような違いであるが、トヨタとホンダでは生まれも育ちも異なる通貨になっている。そのたとえで言えば、ルノーと連合を組む日産は弱い国際通貨といったところだろうか。

■ヨーロッパのメーカーのこれから

ヨーロッパのメーカーも世界的な不況のなかで販売不振に喘いでいるが、クルマづくりの方向に大きな変更がないと思われる。新しい燃費規制が実施されることへの対応が求められるが、日本やアメリカのように電気自動車やハイブリッドカーに関心を持ち、実用化を進めているものの、じっくりとこれまで磨いてきた技術を、さらに発展させることを優先する。ハイブリッドカーを市販するにしても、主流はこれまで通りに内燃エンジンでいく。それだけ、ヨーロッパの社会が伝統を生かすことを優先し、急激な変化を求めないところがあるからだろう。

日本やアメリカで、ハイブリッドカーや電気自動車の技術進化に目を奪われているあいだに、ヨーロッパのメーカーはガソリンエンジンやディーゼルエンジンで革新を図っている。フォルクスワーゲンのコンパクトなエンジンと過給装置を組み合わせたTSIエンジン、BMWの直噴エンジンとターボの組み合わせ、アルミとマグネ合金を組み合わせて軽量化を図ったシリンダーブロック、メルセデスの直噴ガ

フォルクスワーゲンの「ブルーモーション」は同社のラインアップのなかでもっとも燃費の良いモデルに与える呼び名。ゴルフの場合は1.6リッターのディーゼルターボエンジン搭載のもので、100km走るのに3.8リッターの燃料ですむ。これをCO_2に換算すると99g/kmとなる。

ソリンエンジン、排気対策をしたブルーテック・ディーゼルエンジンなどが登場している。エンジン技術では1990年代までは日本がリードする気配だったが、ここに来てヨーロッパの方が見るべき機構が多くなっており、日本との技術力は逆転してしまうかもしれない。

世界不況であろうが、クルマの持っている価値は変わらないというスタンスである。とくに実力を発揮し、勢いがあるのがフォルクスワーゲンである。ここにきてドイツのというより、ヨーロッパの雄として飛躍しようとしている。いっぽうで、高級車メーカーの方は、世界不況の影響を大きく受けている。これからは思いもよらない合併や提携が起こる可能性がある。

■韓国の現代自動車の健闘

1990年代の初めのころ、韓国では現代、起亜、大宇といったメーカーがあったが、ここに財閥グループであるサムソンが自動車メーカーになろうと行動を起こした。自動車に関する技術を持っていなかったサムソンは、日本の日産技術者の指導を受けてゼロからスタートして自動車メーカーになった。日産では高級車インフィニティの開発を手がけた技術者を中心に韓国に長期間滞在して、彼らにクルマの開発から生産に関して指導した。サムソン財閥は資金がたっぷりあったので、韓国でのモータリゼーションの発展の機会をとらえようとしたのである。

他のメーカーも生き残りをかけて、このときに設備の充実を図ろうと積極的に投資をした。それらすべての生産設備がフル稼働すると、韓国の需要を大きく上まわることになり、設備過剰になることは明らかだった。それでも、途中で見直すメーカーはなく、計画通りにそれぞれに生産設備を完成させ稼動させた。

果たして、競争の激化で脱落するところが相次いだ。経験のないサムソンは、資金力だけが頼りであったから最初に脱落した。他のメーカーもアメリカのメーカーの傘下に入るなどした。独立を保ったのは、現代自動車だけだった。

韓国を代表する自動車メーカーとなった現代自動車は、1975年にポニーという大衆車を出して活動を活発化した。このころから輸出を重視しており、日本車よりも低価格でアメリカ市場に受け入れられた。このままでは、日本車は韓国車にシェアを奪われてしまうのではないかという予想さえ立てられた。

現代自動車はヨーロッパでも一定のシェアを得るようになっており、国際舞台で鍛えられて成長している。不況のアメリカで、現在もっとも健闘しているメーカーといわれている。技術的に一定の水準に達したクルマを低価格で提供することで特徴を出し、生産台数でもトップ10に入る実力を持っている。

大衆車から高級車まで、他のメーカーよりも安くできるのは、韓国だけでなく東南アジアからの原材料の入手、コスト削減への強い意欲で特徴を出して、存在感を示し続けている。今後は、新しい技術分野でリードしていくまでの力をつけるかどうかが問われている。

■世界一となる中国の自動車販売

2009年5月に開催された上海モーターショーでは、ヨーロッパやアメリカのメーカーが顔を揃えてにぎやかだった。2009年10月の東京モーターショーはヨーロッパやアメリカの主要メーカーが参加を見合わせるなど例年になく寂しいものになるのとは対照的である。それだけ、中国の自動車市場が世界に注目されているのだ。2009年1〜3月の販売台数では世界一の市場になっている。高級車の売れ行きも高い水準にある。

中国は、社会主義国でありながら市場経済に移行中であり、先進国にない特殊事情をかかえている。中国に進出するには中国のメーカーとのジョイントが義務づけられており、日米欧のメーカーが現地企業と組んで自動車を生産している。たとえば東風汽車(中国では自動車のことを汽車という)では、東風トヨタ、東風ホンダ、東風プジョーといった具合に、いくつもの海外メーカーとジョイントして、それぞれ独自の活動をしている。

ヨーロッパやアメリカのメーカーに比較すると日本のメーカーは中国に進出するのが遅れたものの、現在は取りもどしているといっていい。

独立の中小メーカーのなかには、人気となっている海外のクルマをそのままコピーしたものを生産しているところもあるが、次第に独自設計で独自スタイルのクルマが増えてきている。外国の優れた技術を導入して生産体制を整えるなど、遅れたことの利点を生かして実力を付けつつある。

中国でもハイブリッドカーや電気自動車が注目され、政府もそれらの開発を奨励していることもあって、上海モーターショーでは多くのメーカーが、これらのクルマを展示していた。しかし、なかには外観だけそれらしく装っているものの、中味がないクルマを出品しているところも見られた。新興メーカーが多いだけに混乱があるものの、急速に組織改革が進んでいる。中国の自動車メーカーは技術的に相当力を付ける段階に入っているといえるだろう。

海外からの投資で自動車産業が盛んになってきており、繊維製品や電気製品に次いで自動車でも輸出を伸ばしていくことになるのか。それとも拡大する国内市場を中心とするのか。

電池メーカーから転身して自動車メーカーとなった中国のBYDオート社の2009年におけるラインアップ。アメリカの投資家も資金を出すなど中国の自動車市場は活発である。主要メーカーはハイブリッドカーや電気自動車の開発に力を入れている。

先進国と政治体制が違っており、今後は、需要が活発になっても、海外メーカーがシェアを伸ばす方向にはならないようだ。国内メーカーを優先する可能性があり、中国の膨大な市場で先進国のメーカーが伸びていくのは限界があるようだ。

アメリカでの販売の伸びが期待できなくなりつつある日本のメーカーは、需要が活発な中国市場に力を入れたいところだが、中国市場の将来に不透明なところがあるのが悩みだろう。

■電気自動車が普及すると自動車界の地図が変わる

電気自動車が内燃エンジン車に取って代わるには、バッテリーの価格が安くなることが最重要条件であるが、これまでの流れを見ていると簡単なことではない。ただし、その必要性がかつてないほど高まってきていて、コストを下げてエネルギー密度を高めるための研究開発が必死に繰り広げられている。

バッテリーやモーターなどは、自動車メーカーの得意とする部品ではなかった。したがって、電気自動車やハイブリッドカーの生産台数が増えると、これまでの自動車関連分野でない電機メーカーなどが自動車に参入するチャンスが大きくなっている。内燃エンジンに代わるとすれば、その需要は膨大なものになる。

電気自動車は、技術的なノウハウを蓄積した内燃エンジンではなく、機構の異なるモーターを動力に使うので、自動車メーカーでないところが、自動車の分野に新しく参入することが可能であるという見方もある。現にアメリカでは、ベンチャー企業が電気自動車をつくって販売を開始している。

自動車はあらゆる条件のなかで走らせるもので、安全性、耐久性、走行性能など、動力が違っても自動車メーカーが培ったノウハウは生きている。新しく参入するところも、自動車メーカーと組んで部品をつくることが中心で、量産される電気自動車は、既存の自動車メーカーで実用化されることになるだろう。

これまでたびたび指摘してきたように、バッテリーの高性能化が最大の課題であるが、高性能化することは危険が高まることを意味する。熱を持つ部分があり、人間を感電死に追い込むような高圧電力がシステムのなかで流れているわけだから、幾重にもわたる安全対策が欠かせない。そのことを自動車メーカーは強烈に意識して対策している。それでも、想定外のことが起こらないとも限らない世界なのである。

車両開発と実用化は自動車メーカーが主導し、電機メーカーや部品メーカーが新しく自動車部門に参入するというかたちになるだろう。その過程で、既存の部品メーカーで新しい時代に対応できるところが生き残り、技術でリードする新規のメーカーがシェアを伸ばしていくことになるだろう。そうした激しい競争は、すでに始められているが、電気自動車がある程度シェアを占める時代になれば、部品メーカーの淘汰が激しくなり、その勢力地図も大きく変わっていくことになる。

■最後に自動車のあり方に対する提案

この本を締めくくるにあたって、クルマの将来を考えてひとつの提案をしたい。

自動車に対してはさまざまな規制が実施され、自動車の技術進化が促されてきた。したがって、今後のクルマのあり方に関して技術開発の方向性を示唆するための規制を設けることを考えても良いだろう。いまクルマにとって重要なのは、さらなる軽量化を図ることである。軽くなれば、燃費も良くなり、エンジン性能も相対

三菱i-MiEVの発表会で充電するシーンを演じる益子社長。家庭用電源からの充電はかなり時間がかかるが、急速充電装置が設置されていれば短時間でフル充電することができる。バッテリーの性能向上や価格のほか、インフラの整備などが今後の課題。

的に良くなり、原材料の使用量も少なくなり、コスト削減につながる。無駄な部分をなくす努力も、クルマの運動性能を高めることにつながる。

具体的な数字は議論の余地があるだろうが、たとえば5年とか10年後には車両重量１０００キロを上限として、それ以上になった場合は、一台ごとに罰金をとる。９００キロとか８００キロに納まったクルマには税制の優遇措置がとられる。また、５年ごとにたとえば20キロ、あるいは50キロずつ規制を厳しくする。

そうなると、サイズの大きい高級車がつくれなくなるかもしれないが、大きいクルマを軽くつくるには高級な材料を使用することで可能になる。そのための開発や設計法が進められる。費用をかけて軽くした高級車や高性能車をつくることで、新しい技術開発が促される。その技術が将来は大衆車にフィードバックして、さらに軽量化が図られることになる。

軽量化すると車両の安全性で問題が出るという考え方もあるが、新しい技術は両立を図る方向で進めるものになるはずだ。電気信号によるシステムで「走る、止まる、曲がる」が実用化されるのが早まることになるだろう。世界的に、こうした規制を実施するのはたぶん現実的ではないだろうから、実現の可能性はないと思われる。しかし、真剣に考える価値のあることだと思っている。

桂木洋二の著書（いずれもグランプリ出版刊）

・「日本における自動車の世紀・トヨタと日産を中心に」

創業から現在までの日本の自動車メーカーの歩みを歴史的に辿る。時代背景のなかで、どのようなクルマをつくり、どのような組織となったかを丹念に見る。車両開発の流れを技術的な側面を注視して見ることで、各自動車メーカーの特徴や変遷を記述する。

・「欧米日・自動車メーカー興亡史」

ガソリンエンジン自動車の誕生から、どのように自動車が発展してきたか、ヨーロッパからアメリカ、さらに日本と3部に分かれて概観する。本書の1章、2章、5章と同じような内容であるが、具体的な事実が詳しく述べられている。

・「てんとう虫が走った日」

1958年に発売されたスバル360は、国産車のなかでベストワンであると信じる著者により開発した技術者たちにインタビューして開発ストーリーとしてまとめたもの。物真似でつくることの多い時代に技術者たちは、制約のあるなかで信念を貫いて完成させてゆく。

・「苦難の歴史・国産車づくりへの挑戦」

戦前の国産自動車メーカーの苦しい状況を辿る。あまり省みることのないのは戦後につながることが少ないからで、その情熱と技術的な追求の努力は涙ぐましいもので、圧倒的に優位な海外のクルマに対抗するのはドン・キホーテ的なことであった。

・その他「プリンス自動車の光芒」「初代クラウン開発物語」「時代を画した日本車の技術・10」「コロナとブルーバードの時代」「激闘'60年代の日本グランプリ」「国産トラックの歴史」「歴史のなかの中島飛行機」「明日への全力疾走・浮谷東次郎物語」

・監修および共同執筆書「マツダ・ロータリーエンジンの歴史」「テールフィン時代のアメリカ車」「自動車用エンジン半世紀の記録」「国産乗用車60年の軌跡」など。

クルマの誕生から現在・未来へ
2009年7月24日初版発行

著 者 桂木洋二
発行者 大室幸男

発行所 株式会社グランプリ出版
〒162-0828 東京都新宿区袋町3番地
電話03-3235-3531(代) 振替00160-2-14691

印刷・製本 モリモト印刷(株)

ISBN978-4-87687-311-1 C-2053